CAN DO! Learn Dreamweaver CS6 the right way

Dreamweaver CS6

铂金精粹版

超值全彩

Dreamweaver CS6
中文版 从入门到精通

杨淑云 姜一梅 徐 晔 王小国 / 主 编
安 雪 郑 亚 梁宇滔 车开森 / 副主编

U0211057

中国青年出版社
CHINA YOUTH PRESS
中青雄狮

图书在版编目（CIP）数据

Dreamweaver CS6 从入门到精通：铂金精粹版 / 杨淑云等主编 .
— 北京：中国青年出版社，2014.6
ISBN 978-7-5153-2308-4
I.① D… II.① 杨 … III.① 网页制作工具 IV.① TP393.092
中国版本图书馆 CIP 数据核字（2014）第 060054 号

Dreamweaver CS6中文版从入门到精通（铂金精粹版）

杨淑云 姜一梅 徐 晔 王小国 / 主 编
安 雪 郑 亚 梁宇滔 车开森 / 副主编

出版发行： 中国青年出版社
地 址：北京市东四十二条 21 号
邮政编码：100708
电 话：（010）59521188 / 59521189
传 真：（010）59521111
企 划：北京中青雄狮数码传媒科技有限公司
策划编辑：张 鹏
责任编辑：张 军
封面制作：六面体书籍设计 孙素锦

印 刷：中煤涿州制图印刷厂北京分厂
开 本：787×1092 1/16
印 张：15.5
版 次：2014 年 6 月北京第 1 版
印 次：2014 年 6 月第 1 次印刷
书 号：ISBN 978-7-5153-2308-4
定 价：69.80 元（附赠 1DVD，含语音视频教学 + 案例素材文件）

本书如有印装质量等问题，请与本社联系
电话：（010）59521188 / 59521189
读者来信：reader@cypmedia.com
如有其他问题请访问我们的网站：www.cypmedia.com

"北大方正公司电子有限公司"授权本书使用如下方正字体。
封面用字包括：方正粗雅宋简体，方正兰亭黑系列。

Preface

前 言

众所周知，Dreamweaver是一款集网页制作和网站管理于一身的所见即所得网页编辑器，也是一套针对专业网页设计师特别发展的视觉化网页开发工具，利用它可以轻而易举地制作出跨越平台限制和浏览器限制的充满动感的网页。

本书以Dreamweaver CS6为写作蓝本，以易学和实用为写作目的，从最基础的网页概念讲起，逐一对Dreamweaver CS6的基本操作、新增功能、网页中图像的编辑、网页中超链接的创建等内容进行了详细讲解，接着对表格、框架、CSS、DIV、模板与库、表单、行为的应用等内容作了详细的讲解，最后对动态网站的设计进行介绍。无论是从基础知识安排还是实践应用能力的训练，都充分地考虑了用户的需求，从而帮助读者在短时间内实现理论知识与应用能力的同步提高。

全书共12章，各章的主要内容介绍如下：

章 节	内 容
Chapter 01	主要讲解了网页设计的基本知识，包括网页的基本概念、色彩搭配，Dreamweaver CS6 基本操作，以及站点的创建、管理、上传等
Chapter 02	主要讲解了网页中基本元素的编辑，如在网页中图像的插入与编辑、Flash 以及其他多媒体的插入与设置等
Chapter 03	主要讲解了网页中超链接的设计，包括超级链接的创建、更新、错误检查，以及在图像中应用各类超链接的方法
Chapter 04	主要讲解了应用表格布局网页的方法，包括插入表格、表格属性的设置、选择表格、编辑表格等
Chapter 05	主要讲解了创建框架网页的方法，包括框架集和框架的创建、框架的基本操作，以及框架和框架集属性的设置
Chapter 06	主要讲解了使用 CSS 修饰美化网页，如 CSS 的定义、设置、应用，以及 CSS 滤镜的使用
Chapter 07	主要讲解了使用 Div+CSS 布局网页，包括 CSS 与 Div 布局基础、AP Div 的使用、CSS 的布局方法等
Chapter 08	主要讲解了模板和库的使用，包括模板的创建、管理、使用，以及库的创建和使用
Chapter 09	主要讲解了行为的使用，包括什么是行为、事件，利用行为调节浏览器窗口、利用行为制作图像特效、利用行为显示文本、利用行为控制表单等
Chapter 10	主要讲解了动态网页的设计，包括表单的应用、数据库的设计，以及数据表记录的编辑
Chapter 11~12	是两个综合性的应用案例，分别介绍了购物网站和企业展示网站的设计与制作。通过模仿练习，使读者更好地掌握和应用前面所学的 Dreamweaver 知识

本书适用于各大中专院校、职业院校和各类培训学校作为网页制作教材使用，也可作为网页制作初学者和爱好者的学习用书。

在本书的编写过程中，多位老师倾注了大量心血，但恐百密之中仍有疏漏，恳请广大读者及专家不吝赐教。我的联系邮箱是itbook2008@163.com。

编者

Contents

目 录

Chapter 01

网页设计快速入门

Section 01 网页的基本概念 ·· 013
Section 02 网页的色彩搭配 ·· 015
  01 网页配色基础 ·· 015
  02 常见网页配色方案 ······································ 016
Section 03 初识Dreamweaver CS6 ··································· 018
  01 Dreamweaver CS6操作环境 ······························ 018
  02 Dreamweaver CS6新增功能 ······························ 019
Section 04 文档的基本操作 ·· 020
  01 创建空白文档网页 ······································ 020
  02 设置页面属性 ·· 020
  03 创建网页 ·· 022
Section 05 站点的创建 ·· 024
Section 06 站点的管理 ·· 025
Section 07 站点的上传 ·· 028
设计师训练营 创建我的第一个站点 ··································· 029
课后练习 ··· 034

Chapter
02

网页中基本元素的编辑

Section 01　在网页中插入图像 ················· 036
　01　网页中图像的常见格式 ················· 036
　02　插入图像 ····························· 036
　03　图像的属性设置 ····················· 037
　04　图像的对齐方式 ····················· 038
　05　运用HTML代码设置图像属性 ········· 039

Section 02　使用图像编辑器 ················· 040
　01　裁剪图像 ····························· 040
　02　调整图像的亮度和对比度 ············· 040
　03　锐化图像 ····························· 041

Section 03　插入其他图像文件 ············· 041
　01　图像占位符 ························· 041
　02　插入鼠标经过图像 ··················· 042
　03　鼠标经过图像代码 ··················· 044

Section 04　插入其他多媒体 ··············· 044
　01　插入JavaApplet ····················· 044
　02　JavaApplet代码 ····················· 045
　03　插入ActiveX控件 ··················· 045

设计师训练营 在网页中插入Flash对象 ······· 046

✗ 课后练习 ································· 048

Chapter
03

网页中超链接的创建

Section 01　超级链接的概念 ··············· 050
　01　相对路径 ··························· 050
　02　绝对路径 ··························· 050
　03　外部链接和内部链接 ··············· 050

Section 02　管理网页的超级链接 ········· 051
　01　自动更新链接 ····················· 051
　02　在站点范围内更改链接 ············· 051
　03　检查站点中的链接错误 ············· 052

Section 03　在图像中应用超级链接 ······· 053
　01　图像链接 ··························· 053
　02　图像热点链接 ····················· 054
　03　创建图像热点链接 ················· 054

Section 04 锚点链接 ··· 055
01 关于锚点 ·· 055
02 制作锚点链接 ·· 056
03 创建E-mail链接 ·· 056
04 创建脚本链接 ·· 057

设计师训练营 创建下载文件链接 ······························ 058

❌ 课后练习 ·· 059

使用表格布局网页

Section 01 表格的基本知识 ·· 061
01 与表格相关的术语 ·· 061
02 插入表格 ··· 061
03 表格的基本代码 ··· 062

Section 02 表格属性 ·· 063
01 设置表格的属性 ··· 063
02 设置单元格属性 ··· 063
03 改变背景颜色 ·· 064
04 表格的属性代码 ··· 064

Section 03 选择表格 ·· 065
01 选择整个表格 ·· 065
02 选择一个单元格 ··· 066

Section 04 编辑表格 ·· 067
01 复制和粘贴表格 ··· 067
02 添加行和列 ··· 068
03 删除行和列 ··· 069
04 利用嵌套表格定位网页 ·· 070

设计师训练营 单元格的合并与拆分 ···························· 070

❌ 课后练习 ·· 072

创建框架网页

Section 01 创建框架集和框架 ····································· 074
01 创建嵌套框架集 ··· 074
02 手动设计框架集 ··· 075
03 框架中的HTML代码 ··· 075

Section 02　框架的基本操作 ·· 076
　　01　选择框架和框架集 ·· 076
　　02　保存框架和框架集 ·· 077
　　03　删除框架 ·· 078

Section 03　设置框架和框架集属性 ································· 079
　　01　设置框架属性 ·· 079
　　02　设置框架集属性 ·· 080
　　03　在框架中设置链接 ·· 080
　　04　创建浮动框架网页 ·· 081

设计师训练营　创建上下结构框架网页 ······························ 083

✖ 课后练习 ··· 086

Chapter 06

使用CSS修饰美化网页

Section 01　CSS概述 ··· 088
　　01　CSS的特点 ·· 088
　　02　CSS的定义 ·· 088
　　03　CSS的设置 ·· 090

Section 02　使用CSS ·· 096
　　01　外联样式表 ·· 096
　　02　内嵌样式表 ·· 096

Section 03　使用CSS滤镜 ·· 098
　　01　透明滤镜 ··· 098
　　02　模糊滤镜 ··· 099
　　03　透明色滤镜 ·· 100
　　04　阴影滤镜 ··· 101
　　05　变换滤镜 ··· 101
　　06　光晕滤镜 ··· 102
　　07　遮罩滤镜 ··· 103
　　08　波浪滤镜 ··· 104
　　09　X射线滤镜 ·· 104

设计师训练营　制作动感光晕文字 ······································ 105

✖ 课后练习 ··· 107

使用Div+CSS布局网页

Section 01　Div+CSS布局基础 ································· 109
　　01　什么是Web标准 ································· 109
　　02　Div+CSS概述 ································· 109
Section 02　使用AP Div ································· 110
　　01　创建普通Div ································· 110
　　02　设置AP Div的属性 ································· 111
Section 03　CSS布局方法 ································· 112
　　01　盒子模型 ································· 113
　　02　使用Div布局 ································· 113
设计师训练营　使用Div+CSS布局网页 ································· 116
课后练习 ································· 124

使用模板和库批量制作网页

Section 01　创建模板 ································· 126
　　01　直接创建模板 ································· 126
　　02　从现有网页中创建模板 ································· 126
　　03　创建可编辑区域 ································· 127
Section 02　管理和使用模板 ································· 128
　　01　应用模板 ································· 128
　　02　从模板中分离 ································· 129
　　03　更新模板及模板内容页 ································· 129
　　04　创建嵌套模板 ································· 130
　　05　创建可选区域 ································· 130
Section 03　创建和使用库 ································· 131
　　01　创建库项目 ································· 131
　　02　插入库项目 ································· 132
　　03　编辑和更新库项目 ································· 132
设计师训练营　网站模板的创建及应用 ································· 133
课后练习 ································· 139

Chapter 09

使用行为创建动感网页

Section 01　什么是行为 ································· 141
01　行为 ······························· 141
02　事件 ······························· 142
03　常见事件的使用 ················· 142

Section 02　利用行为调节浏览器窗口 ········· 144
01　打开浏览器窗口 ················· 144
02　调用脚本 ························· 145
03　转到URL ························· 145
04　创建打开浏览器窗口网页 ······ 146
05　创建转到URL网页 ·············· 148
06　调用JavaScript创建自动关闭网页 ·· 149

Section 03　利用行为制作图像特效 ············· 151
01　交换图像与恢复交换图像 ······ 151
02　预载入图像 ····················· 152
03　拖动AP元素 ····················· 152

Section 04　利用行为显示文本 ·················· 153
01　弹出信息 ························· 153
02　设置状态栏文本 ················· 154
03　设置容器的文本 ················· 154
04　设置文本域文字 ················· 154
05　设置框架文本 ··················· 155
06　设置状态栏文本 ················· 155

Section 05　利用行为控制表单 ·················· 156
01　跳转菜单 ························· 156
02　检查表单 ························· 156

设计师训练营　交换图像网页效果的设计 ······ 157

课后练习 ··· 159

Chapter 10

制作动态网页

Section 01　使用表单 ···························· 161
01　认识表单 ························· 161
02　创建注册页面 ··················· 162

Section 02　搭建服务器平台 ···················· 165
01　安装IIS7 ························· 165
02　配置IIS7服务器 ················· 166

Section 03　链接数据库 ·· 168
　　01　创建数据库 ·· 168
　　02　创建ODBC数据源 ·· 170
　　03　使用DSN创建ADO连接 ··· 171

Section 04　编辑数据表记录 ·· 172
　　01　创建记录集 ·· 172
　　02　插入记录 ·· 173
　　03　更新记录 ·· 174
　　04　删除记录 ·· 175

设计师训练营　创建在线留言系统 ······································· 175

课后练习 ··· 188

Chapter 11

制作购物网站

Section 01　购物网站概述 ·· 190
　　01　购物网站主要分类 ·· 190
　　02　购物网站主要特点 ·· 190
　　03　购物网站工作流程 ·· 192

Section 02　创建数据库与数据库链接 ··································· 193
　　01　创建数据库表 ·· 193
　　02　创建数据库链接 ·· 193

Section 03　制作系统前台页面 ·· 194
　　01　制作商品分类展示页面 ·· 194
　　02　制作商品详细信息页面 ·· 197

Section 04　制作购物系统后台管理页面 ································· 199
　　01　制作管理员登录页面 ·· 199
　　02　制作添加商品分类页面 ·· 201
　　03　制作添加商品页面 ·· 203
　　04　制作修改页面 ·· 205
　　05　设计删除页面 ·· 206

Chapter 12

制作企业展示网站

Section 01　企业网站概述 ·· 210
　　01　企业网站的分类 ·· 210
　　02　企业网站的功能划分 ·· 210
　　03　企业网站的创建流程 ·· 211

Section 02　数据库设计 ·· 212

01 创建数据库表·······················212
02 创建数据库链接··················212

Section 03 模板页制作·····························213
01 制作index.dwt模板·············213
02 制作content.dwt模板···········215

Section 04 制作前台页面·························216
01 首页································216
02 新闻信息页······················220
03 新闻详细信息页·················223
04 产品信息页······················225
05 产品详细信息页·················228
06 客服中心页······················230
07 关于我们页······················231

Section 05 制作后台页面·························232
01 登录页····························232
02 新闻管理页······················234
03 新闻增加页······················236
04 新闻修改页······················237
05 新闻删除页······················239
06 产品管理页······················241
07 产品增加页······················243
08 产品修改页······················244
09 产品删除页······················246

Appendix

附 录

课后习题参考答案······························248

Chapter
01

网页设计快速入门

网站由域名网站地址和网站空间构成，通常包括主页和其他具有超链接文件的页面。本章将对网页的基本概念、网页配色方案以及站点的建设等内容进行介绍，以帮助读者对网页设计有一个整体性的认识。

重点难点
- 网页的配色方案
- Dreamweaver CS6的基本操作
- Dreamweaver CS6的新增功能
- 站点的创建
- 站点的设置
- 站点的管理
- 站点的上传

网页的基本概念

Web通常也被称为WWW（World Wide Web），是由遍及全球的信息资源组成的系统，其中包含的内容有文本、图像、表格、音频、视频等。这些信息以一种简洁的方式链接在一起，用户通过鼠标单击可以非常方便地跳转到另一页面。

开始学习前首先要了解有关网页的一些基本概念，如什么是网页、HTML、URL、ASP、PHP、Java、数据库等，从而为后面的学习打下良好的基础。

1. 网页

网页是Internet的基本信息单位，一般网页上都会有文本和图片等信息，而复杂一些的网页上还会有声音、视频、动画等多媒体内容。进入网站首先看到的是其主页，主页集成了指向二级页面以及其他网站的链接。访问者进入主页后可以浏览相应消息并找到感兴趣的主题链接，通过单击该链接可以跳转到其他网页。如下左图所示为搜狐首页。

2. HTML

HTML称为超文本标签语言，是一种标识性的语言。它包括一系列标签，通过这些标签可以将网络上的文档格式统一，将分散的Internet资源整合为一个有逻辑的整体。HTML文本是由HTML命令组成的描述性文本，HTML命令可以说明文字、图形、动画、声音、表格、链接等。

超文本是一种组织信息的方式，它通过超级链接方法将文本中的文字、图表与其他信息媒体相关联。这些相互关联的信息媒体可能在同一文本中，也可能是其他文件，或是地理位置相距遥远的某台计算机上的文件。这种组织信息方式将分布在不同位置的信息资源以随机方式进行连接，为人们查找、检索信息提供方便。如下右图所示为一个HTML文本。

3. URL

URL英文全称是Uniform Resource Locator，即统一资源定位符，它是一种通用的地址格式，指出了文件在Internet中的位置。

一个完整的URL地址由网络协议名、服务器地址和文件名三部分组成。如http://mobile.pconline.com.cn/play/1207/2858876.html，其中http://是指网络协议名，mobile.pconline.com.cn是指服务器的地址，/play/1207/指的是该服务器上的文件夹地址，2858876.html是指文件名，如下左图所示。

4. ASP

从网站访问者的角度来看，无论是动态网页还是静态网页，都可以展示基本的文字和图片信息，但如果从网站管理、维护的角度来看就会有很大的差别。ASP是服务器端脚本编写环境，可以创建和运行动态交互的Web服务器应用程序。使用ASP可以组合网页、脚本命令和ActiveX组件，以创建交互的Web页。

ASP文件必须经过服务器解析后才能够被访问，而且只有将ASP文件上传到支持ASP运行的服务器，才能从客户端访问。可以将安装Windows操作系统的计算机设置为服务器，ASP运行所需要的环境为IIS或PWS。如下右图所示为某公司的门户网页。

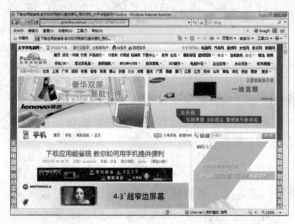 

5. PHP

PHP是一种HTML内嵌式的语言，是一种在服务器端执行的嵌入HTML文档的脚本语言，语言风格类似于C语言。PHP最初是用Perl语言编写的简单程序，后来经不断完善，于1997年发布了功能基本完善的PHP。PHP程序可以运行于UNIX、LINUX或Windows的平台上，对客户端浏览器也没有特殊的要求。

PHP跟Apache服务器紧密结合的特性，加上它不断更新及加入新的功能，而且几乎支持所有主流与非主流数据库，再加上它的源代码完全公开，在Open Source意识抬头的今天，它更是这方面的中流砥柱。如下左图所示就是一个国内比较热门的PHP网站DISCUZ。

6. 数据库

数据库是计算机中用于存储、处理大量数据的软件，是一些关于某个特定主题信息的集合。数据库的表看上去很像电子表格，如下右图所示，在其中可以按照行或列来表示信息。一般来说，表的每一行称为一个"记录"，而表的每一列称为一个"字段"，字段和记录是数据库中最基本的术语。记录描述了表中某一个实体的所有内容，而字段则描述表中所有实体的某一种类型的内容。

 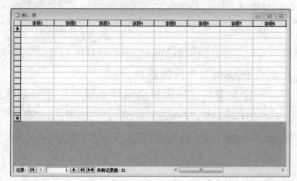

7. Java

Java是一种可以撰写跨平台应用软件的面向对象的程序设计语言，是由Sun Microsystems公司于1995年5月推出的Java程序设计语言和Java平台（JavaSE、JavaEE、JavaME）的总称。Java技术具有卓越的通用性、高效性、平台移植性和安全性，广泛应用于个人PC、数据中心、游戏控制台、科学超级计算机、移动电话和互联网，同时拥有全球最大的开发者专业社群。在全球云计算和移动互联网的产业环境下，Java更具备了显著优势和广阔前景。

Java平台由Java虚拟机（Java Virtual Machine）和Java 应用编程接口（Application Programming Interface、简称API）构成。Java应用编程接口为Java应用提供了一个独立于操作系统的标准接口，可分为基本部分和扩展部分。在硬件或操作系统平台上安装一个Java平台之后，Java应用程序就可运行。

Section 02 网页的色彩搭配

色彩是人类视觉最敏感的东西，网页的色彩如果处理得好，可以达到锦上添花、事半功倍的效果。随着信息时代的快速发展，网络也开始变得多姿多彩。人们不再局限于简单的文字与图片，他们要求网页看上去漂亮、舒适。因此，在设计网页时，必须要高度重视色彩的搭配。

01 网页配色基础

我们日常所见的光，实际是由红、绿、蓝三种波长的光组成，物体经光源照射，吸收和反射不同波长的红、绿、蓝光，经由人的眼睛传到大脑，便形成了我们看到的各种颜色。红、绿、蓝三种波长的光是自然界中所有颜色的基础，光谱中的所有颜色都是由不同强度的这三种光构成的。

明度、色相、纯度是色彩最基本的三要素，也是人正常视觉感知色彩的三个重要因素。

- 明度表示色彩的明暗程度，明度越大，色彩越亮。
- 色相是指色彩的名称，是不同波长的光给人的不同的色彩感受。
- 纯度表示色彩的浑浊或纯净程度，用于表明一种颜色中是否含有白或黑的成分。

1. 红色

红色的色感温暖，性格刚烈而外向，是一种对人眼刺激很强的颜色。红色在各种媒体中都有广泛的应用，除了具有较佳的明视效果外，更被用来传达有活力、积极、热诚、温暖、前进等涵义，另外红色也常被用做警告、危险、禁止、防火等标识色。

在网页颜色应用中，红色与黑色的搭配比较常见，常用于表达前卫时尚、娱乐休闲等有个性的网页中，如右所示。

2. 黄色

黄色是最明亮的色彩之一，给人明亮、辉煌、灿烂、愉快、高贵、柔和的印象，同时又容易引起味觉的条件反射，给人以甜美、香酥感。

黄色在网页配色中使用十分广泛，它和其他颜色配合让人感觉很活泼、很温暖，具有快乐、希望、智慧和轻快的个性。黄色有着金色的光芒，包含希望与功名等象征意义。黄色也代表着土地、象征着权力，并且还具有神秘的宗教色彩。如右图所示为使用黄色配色的网页。

3. 蓝色

蓝色是冷色系中最典型的代表色，是网站设计中运用得最多的颜色，它代表着深远、永恒、沉静、理智、诚实、公正、权威。如右图所示就是使用蓝色配色的网页。

蓝色是一种在淡化后仍然能保持较强个性的颜色。如果在蓝色中分别加入少量的红、黄、黑、橙、白等色，均不会对蓝色的性格构成明显的影响。

浅蓝色有淡雅、清新、浪漫、高级的特性，多用于化妆品、女性、服装网站，是最具凉爽、清新特征的色彩。浅蓝色与绿色、白色的搭配在网页中也是比较常见的，它们之间的搭配可以使页面看起来非常干净清澈，能体现柔顺、淡雅、浪漫的气氛。

深蓝色也是较常用的色彩，能给人稳重、冷静、严谨、成熟的心理感受，它主要用于营造安稳、可靠、略带有神秘色彩的氛围。

4. 绿色

绿色代表新鲜、希望、和平、柔和、安逸、青春。在商业设计中，绿色所传达的是清爽、理想、希望、生长的意象，符合服务业、卫生保健业、教育行业、农业的要求。如右图所示为使用绿色配色的网页。

绿色本身具有一定的与自然、健康相关的感觉，所以也经常用于此类网站配色中，如儿童网站或教育网站。

02 常见网页配色方案

网页颜色搭配得好坏会直接影响访问者的情绪。好的色彩搭配会给访问者带来强烈的视觉冲击，不好的色彩搭配则会让访问者失去看下去的耐心。下面就来讲述常见的网页配色方案。

1. 同种色彩搭配

同种色彩搭配是指首先选定一种色彩，然后调整其透明度或饱和度，将色彩减淡或加深。这样的页面看起来色彩统一，有层次感。

2. 面积对比搭配

同一种色彩，面积大的时候，亮色显得更轻，暗色显得更重，这种现象称为色彩的面积效果。面积对比是指页面中各种色彩在面积上大与小的差别，会影响到页面的主次关系。

3. 对比色彩搭配

对比色是色相环上距离相等的任意三种颜色。一般来说色彩的三原色（红、黄、蓝）最能体现色彩间的差异。色彩的对比越强，看起来就越具诱惑力，能够起到集中视线的作用。对比色可以突出重点，产生强烈的视觉效果。合理使用对比色能够使网站特色鲜明、重点突出。

4. 暖色调色彩搭配

暖色调色彩搭配是指使用红色、橙色、黄色、褐色等暖色调色彩的搭配。这种色彩搭配方式的运用，可使网页呈现温馨、和谐、热情的感觉。

5. 冷色调色彩搭配

冷色调色彩搭配是指使用绿、蓝、紫等冷色调色彩的搭配。使用这种色彩搭配，可使网页呈现宁静、清凉、高雅的感觉。冷色调与白色搭配一般会获得较好的效果。

6. 有主色的混合色彩搭配

有主色的混合色彩搭配是指以一种颜色作为主要颜色，即主色，同时辅以其他色彩混合搭配，形成缤纷而不杂乱的搭配效果。

专家技巧 网页色彩搭配的技巧与注意事项

下面介绍网页色彩搭配中一些常见的技巧与注意事项。

（1）使用富有变化的单色

尽管网站设计要避免采用单一色彩，否则容易产生单调的感觉，但通过调整单一色彩的饱和度和透明度同样可以产生丰富的变化，使网站色彩充满层次感。

（2）使用邻近色

所谓邻近色，就是在色相环上相邻近的颜色，如绿色和蓝色、红色和黄色就互为邻近色。采用邻近色设计网页可以使网页避免色彩杂乱，易于达到页面的和谐统一。

（3）使用对比色

对比色可以突出重点，产生强烈的视觉效果，通过合理使用对比色能够使网站特色鲜明、重点突出。在设计时一般以一种颜色为主色调，以对比色作为点缀，这样可以起到画龙点睛的作用。

（4）巧妙使用黑色

黑色是一种特殊的颜色，如果使用恰当且设计合理，往往能产生很强烈的视觉效果。黑色一般用做背景色，并与其他纯度色彩搭配使用。

（5）使用背景色

背景色一般应采用素淡清雅的色彩，避免采用花纹复杂的图片和纯度很高的色彩，同时背景色还要与文字的色彩产生强烈对比。

（6）控制色彩的数量

在设计网页时使用多种颜色会使页面变得很"花"，从而导致网页缺乏统一性和内在的美感。事实上，网页用色并不是越多越好，一般应控制在三种色彩以内，可通过调整色彩的各种属性来产生变化。

Section 03 初识 Dreamweaver CS6

Dreamweaver CS6是一个所见即所得的网页编辑工具，能够使网页和数据库相关联，且支持最新的HTML和CSS，用于对Web站点、Web页和Web应用程序进行设计、编码和开发。

01 Dreamweaver CS6操作环境

Dreamweaver CS6包含有一个崭新、简洁、高效的界面，其中的部分性能也得到了改进。它不仅是专业人员制作网站的首选工具，也是广大网页制作爱好者的创作利器。在学习Dreamweaver CS6之前，先来了解一下它的工作环境，主要包括菜单栏、文档窗口、"属性"面板、浮动面板。

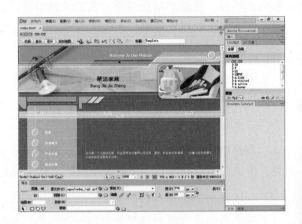

1. 菜单栏

菜单栏主要包括"文件""编辑""查看""插入""修改""格式""命令""站点""窗口"和"帮助"菜单项。

- 文件：用于查看当前文档或对当前文档进行操作。
- 编辑：包括用于基本编辑操作的标准菜单命令。
- 查看：可以设置文档的各种视图，还可显示与隐藏不同类型的页面元素和工具栏。
- 插入：提供了插入栏的扩充选项，用于将合适的对象插入到当前的文档中。
- 修改：用于更改选定页面元素或项的属性。使用此菜单，可以编辑标签属性，更改表格和表格元素，并且为库和模板执行不同的操作。
- 格式：可以设置文本的格式。
- 命令：提供对各种命令的浏览。
- 站点：用来创建与管理站点。
- 窗口：用来打开与切换所有的面板和窗口。
- 帮助：内含Dreamweaver帮助、技术中心和Dreamweaver的版本说明等内容。

2. 文档窗口

文档窗口显示当前创建和编辑的网页文档，可以在设计视图、代码视图、拆分视图和实时视图中分别查看文档。

- 设计视图：一个用于可视化页面布局、可视化编辑和快速应用程序开发的设计环境。
- 代码视图：一个用于编写和编辑HTML、JavaScript、服务器语言代码的手工编码环境。
- 拆分视图：可以在一个窗口中同时看到同一文档的代码视图和设计视图。
- 实时视图：与设计视图类似，实时视图更逼真地显示文档在浏览器中的表示形式。

3."属性"面板

"属性"面板位于状态栏的下方，用来设置页面上正被编辑内容的属性。可以通过在菜单栏中执行"窗口>属性"命令，或者按下快捷键Ctrl+F3打开或关闭"属性"面板，如下左图所示。根据当前选定内容的不同，"属性"面板中所显示的属性也会不同。对属性所做的更改会应用到文档窗口中。

4.浮动面板组

除"属性"面板外，其他的面板统称为浮动面板，这主要是根据面板的特征命名的。每个面板都可以展开和折叠，并且可以和其他面板停靠在一起或取消停靠。这些面板都是浮动于编辑窗口之外。在初次使用Dreamweaver的时候，这些面板根据功能被分成了若干组，如下右图所示。

若要折叠或展开停放中的所有面板，可单击面板右上角的"展开面板"按钮。

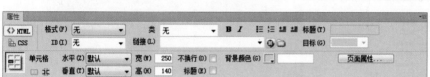

02 Dreamweaver CS6新增功能

利用Dreamweaver CS6软件中改善的FTP性能，可以更高效地传输大型文件。更新的"实时视图"和"多屏幕预览"面板可呈现HTML5代码，使用户能检查自己的工作。

1.改善的FTP性能

利用重新改良的多线程FTP传输工具节省上传大型文件的时间，更快速高效地上传网站文件，缩短制作时间。

2.更新的实时视图

使用更新的"实时视图"功能在发布前测试页面。"实时视图"现已使用最新版的WebKit转换引擎，能够提供绝佳的HTML5支持。

3.更新的多屏幕预览面板

利用更新的"多屏幕预览"面板检查智能手机、平板电脑和台式机所建立项目的显示画面。该增强型面板现在能够让用户检查HTML5内容呈现。

4.Adobe Business Catalyst集成

使用Dreamweaver中集成的Business Catalyst面板连接并编辑用户利用Adobe Business Catalyst（需另外购买）建立的网站。利用托管解决方案建立电子商务网站。

5.增强型jQuery移动支持

使用更新的jQuery移动框架支持为iOS和Android平台建立本地应用程序。建立触及移动受众的应用程序，同时简化用户的移动开发工作流程。

Section 04 文档的基本操作

Dreamweaver为处理各种网页设计和开发文档提供了灵活的环境，除了HTML文档以外，还可以创建和打开各种基于文本的文档。

01 创建空白文档网页

创建空白文档很简单，具体操作步骤如下。

Step 01 运行Dreamweaver软件，然后在菜单栏执行"文件>新建"命令，打开"新建文档"对话框，如下左图所示。

Step 02 在该对话框的"空白页"选项面板下的"页面类型"列表中选择"HTML"，单击"创建"按钮，即可创建一个空白文档，如下右图所示。

02 设置页面属性

网页的页面属性包括网页的"外观""链接""标题""标题/编码"和"跟踪图像"等信息，下面分别介绍这些属性。

对于在Dreamweaver CS6中创建的每个页面，都可在"页面属性"对话框中指定布局和格式等属性，包括页面的默认字体和字号大小、背景颜色、边距、链接样式及页面设计等。既可为创建的每个新页面指定新的页面属性，也可修改现有的页面属性。

1. 外观属性

执行"修改>页面属性"命令，在弹出的"页面属性"对话框中设置页面属性，如右图所示。

- 在"页面字体"下拉列表中设置文本字体。
- 在"大小"下拉列表中选择文本字号。
- 在"文本颜色"文本框中设置文本颜色。
- 在"背景颜色"文本框中设置背景颜色。
- 在"背景图像"文本框中设置背景图像。
- "左边距""上边距""右边距""下边距"用来指定页面四周边距大小。

2. 链接属性

切换到"链接"选项，可设置链接属性，如右图所示。

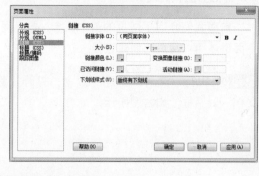

- 在"链接字体"下拉列表中设置页面超链接文本的字体。
- 在"大小"下拉列表中设置超链接文本的字号大小。
- 在"链接颜色"文本框中可以设置超链接文本的颜色。
- 在"变换图像链接"文本框中可以设置页面里变换图像后超链接文本的颜色。
- 在"已访问链接"文本框中设置网页中浏览过的超链接文本的颜色。
- 在"活动链接"文本框中可以设置激活的超链接文本的颜色。
- 在"下划线样式"下拉列表中可以设置应用于超链接的下划线样式。

3. 标题属性

在"分类"列表框中选择"标题（CSS）"选项，在"标题（CSS）"区域设置与页面标题有关的属性，如右图所示。

- 在"标题字体"下拉列表中设置标题字采用的字体。
- 在"标题1"～"标题6"下拉列表中设置标题字的大小。
- 在"标题1"～"标题6"后面的颜色框中可以设置标题字的颜色。

4. 标题/编码属性

在"分类"列表框中选择"标题/编码"选项，在"标题/编码"区域设置与标题/编码有关的属性，如右图所示。

- 在"标题"文本框中可输入网页标题。
- 在"编码"下拉列表框中可以设置网页的文字编码。

5. 跟踪图像选项

在"分类"列表框中选择"跟踪图像"选项，此时可以设置跟踪图像的属性，如右图所示。跟踪图像一般在设计网页时作为网页背景，用于引导网页的设计。单击文本框右边的"浏览"按钮，弹出"选择图像源文件"对话框，选择一个图像作为跟踪图像。拖动"透明度"滑块可以指定图像的透明度，透明度越高，图像显示得越不明显。

03　创建网页

前面我们介绍了网页的基本概念、配色等知识，并且初步介绍了Dreamweaver CS6的使用方法，下面讲述简单网页的创建过程。

Step 01 执行"文件>新建"命令，打开"新建文档"对话框，如右图所示。

Step 02 在对话框的"空白页"选项面板的"页面类型"列表框中选择"HTML"，然后单击"创建"按钮，即可创建一个空白文档，如下左图所示。

Step 03 执行"修改>页面属性"命令，弹出"页面属性"对话框。在对话框左侧的"分类"列表框中选择"外观（CSS）"选项，将"大小"设置为16，"背景颜色"设置为#99CC99，"左边距""上边距""下边距"和"右边距"均设置为2px，并选择背景图像。如下右图所示。

Step 04 单击"确定"按钮，完成页面属性的设置，效果如下左图所示。

Step 05 将插入点置于页面中，执行"插入>表格"命令，弹出"表格"对话框，在对话框中将"行数"设置为3，"列数"设置为2，"表格宽度"设置为874像素，"边框粗细"设置为1像素。如下右图所示。

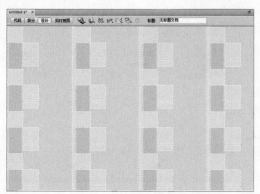

Step 06 单击"确定"按钮，插入表格，效果如下左图所示。

Step 07 将插入点置于表格的第1行第1个单元格中，执行"插入>图像"命令，弹出"选择图像源文件"对话框，如下右图所示。

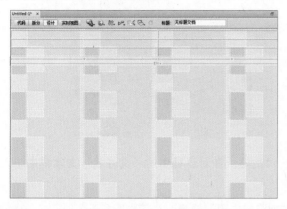 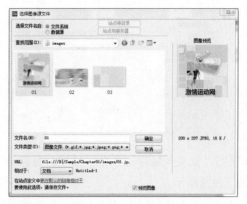

Step 08 在对话框中选择要插入的图像，单击"确定"按钮，插入图像，并调整单元格宽度，如下左图所示。

Step 09 将插入点置于表格的第2行第1个单元格中，执行"插入>表格"命令，插入一个8行1列的表格，如下右图所示。

Step 10 在刚插入的表格中分别输入相应内容，如下左图所示。

Step 11 将插入点置于刚插入表格的第2行第2列单元格中，执行"插入>图像"命令，插入图像，如下右图所示。

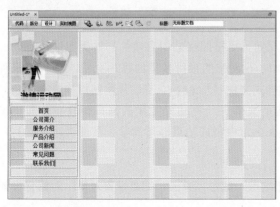 

Step 12 将插入点置于表格的第3行第2列单元格中，输入相应的文字，如下左图所示。

Step 13 在"属性"面板中将对齐方式设置为右对齐，如下右图所示。

Step 14 执行"文件>保存"命令，弹出"另存为"对话框。在对话框中的"文件名"文本框中输入名称，如下左图所示。

Step 15 单击"保存"按钮，保存文档。然后即可在浏览器中预览效果，如下右图所示。

Section 05 站点的创建

在制作网页之前，首先要在本地创建一个站点。一个站点实际上就是一个文件夹，用来存放网站相关页面，例如网站图片文件、网页文件、网页样式文件等。然后通过Dreamweaver CS6再向站点中添加新的网页或者其他相关文件。这样即可通过站点实现对网站的有效管理，减少各种链接文件的错误。

新手创建站点切忌盲目，应该对网站进行整体规划，可按照网站中存储的文件类型进行规划，将不同类型的文件分别存放在不同的文件夹下。例如，在网站的根目录下创建images文件夹用来存放网站所有图像文件，创建css文件夹用来存放网站样式文件（*.css）。有时候网站结构特别复杂，包含网页特别多，这就需要根据网页主题创建相应的文件夹，把相关主题的网页存放在一起，使得网站的管理更加方便，而不容易出错。在Dreamweaver中创建站点非常简单，下面讲述怎样利用Dreamweaver CS6创建本地站点，具体操作步骤如下。

Step 01 启动Dreamweaver CS6，执行"站点>新建站点"命令，弹出"站点设置对象"对话框，如下左图所示。

Step 02 在对话框中选中"站点"选项卡，在"站点名称"文本框中输入站点名称，如下右图所示。

Step 03 单击"浏览文件夹"按钮，弹出"选择根文件夹"对话框。指定站点存储路径，单击"选择"按钮，将选择的路径作为站点文件存储的根路径，如下左图所示。

Step 04 单击"保存"按钮。执行"窗口>文件"命令，打开"文件"面板，即可看到已经创建好的本地站点，如下右图所示。

⟳ **知识链接**　站点的设置

　　打开"站点设置对象"对话框，在"站点"选项卡中仅能完成简单站点的创建，更多的设置需要通过其他选项卡完成。

　　打开"站点设置对象"对话框，在对话框中左边选中"高级设置"选项卡，单击"高级设置"前面的三角符号，展开高级设置的其他选项，其中包括"本地信息""遮盖""设计备注""文件视图列""Contribute""模板"和"Spry"7个选项，可根据需要进行相应的设置。

Section
06

站点的管理

在Dreamweaver CS6中，可以通过"管理站点"对话框实现对站点的编辑、删除以及导出导入等操作。

1. 删除站点

　　在"管理站点"对话框中，单击 ▬ 按钮可实现对没用的站点执行删除操作。该操作仅是在Dreamweaver CS6中清除该站点信息，并不会删除站点实际文件。删除站点操作如下。

Step 01 在"管理站点"对话框中选中要删除的站点名称。

Step 02 单击━按钮，会弹出删除确认对话框，如右图所示，单击"是"按
钮，即可删除当前选中站点。

2. 编辑站点

在"管理站点"对话框中，单击 ✐ 按钮可实现对选中的站点重新编辑修改。编辑站点操作如下。

Step 01 在"管理站点"对话框中选中要编辑的站点名称，单击 ✐ 按钮，会打开"站点设置对象"对
话框，可以重新设置站点信息，如下左图所示。

Step 02 设置完站点属性后，单击"保存"按钮，对所做的修改进行保存。返回到"管理站点"对
话框，单击"完成"按钮，即可在Dreamweaver CS6中对该站点文件进行修改编辑操作，如下右图
所示。

 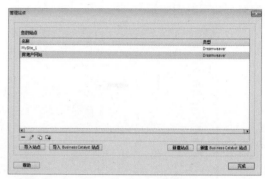

3. 复制站点

在"管理站点"对话框中，单击 ▢ 按钮可对选中站点进行复制，从而创建多个结构相同的站点。复
制站点操作如下。

Step 01 在"管理站点"对话框中选中要复制的站点名称，单击 ▢ 按钮，复制的站点名称会在源站点
名称后附加"复制"字样，同时出现在"管理站点"对话框的列表项中，如下左图所示。

Step 02 默认情况下，复制的站点存储路径会和源站点路径一致。也可以修改复制站点的存储路径，
只需要在"管理站点"对话框中双击该复制站点名称，自动弹出"站点设置对象"对话框，在"本地
站点文件夹"重新设置存储路径即可，如下右图所示。

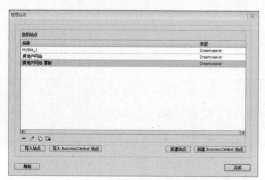 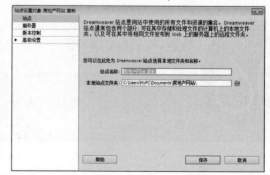

🔄 **知识链接** 站点的复制操作

如果重新设置复制站点的存储路径，则新路径所在文件夹是空的。要想真正复制源站点的内容需要手动将源站点的文件夹复制到复制站点的文件夹下。

4. 导出站点

在"管理站点"对话框中，单击 按钮可以将当前站点配置文件（*.ste）导出到指定路径下。导出站点具体操作如下：

在"管理站点"对话框中选中要导出的站点名称，按住Ctrl键可以同时选中多个站点，对多个站点同时导出。

5. 导入站点

在"管理站点"对话框中，单击"导入站点"按钮可以将站点的配置文件导入到Dreamweaver中。具体操作如下。

Step 01 在"管理站点"对话框中，单击"导入站点"按钮。在打开的"导入站点"对话框中指定导入的站点的配置文件（*.ste），单击"打开"按钮，如下左图所示。

Step 02 站点配置文件导入成功，则Dreamweaver CS6就从配置文件中读取导入站点的相关信息，将站点名称显示在"管理站点"列表项中，然后单击"完成"按钮，即可在"文件"面板中浏览到该站点的文件信息，如下右图所示。

🔄 **知识链接** 站点的导入导出操作

通过导入/导出站点设置文件，可实现同一站点在多台计算机中的Dreamweaver软件中打开、编辑修改以及站点调试等操作。

Section 07 站点的上传

本地站点一旦创建成功，测试没有问题，就需要将本地存放的站点文件上传到远程服务器上，由远程服务器对站点进行发布管理并指定URL地址，这样客户端就能通过IE浏览器真正浏览网站页面。

在Dreamweaver CS6中可以很轻松地完成站点的上传操作，具体步骤如下。

Step 01 启动Dreamweaver CS6，执行"窗口>文件"命令，打开"文件"面板，如下左图所示。

Step 02 单击"房地产网站"站点下拉按钮，选择"管理站点"选项，如下右图所示。

Step 03 选择"管理站点"选项，弹出"管理站点"对话框，选择要上传的站点，单击 ✎ 按钮，打开"站点设置对象"对话框，如下左图所示。

Step 04 单击左边"服务器"选项卡，切换到"服务器"选项面板。在对话框右侧列表框下单击 + 按钮，设置上传的站点服务器信息，如下右图所示。

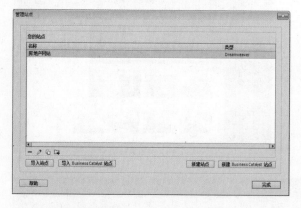 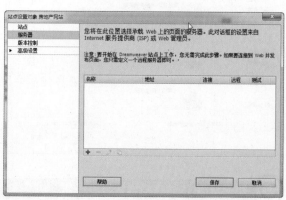

🔄 知识链接 采用FTP方式上传本地站点

采用FTP方式上传本地站点，需要远程服务器安装相应的FTP服务器软件，例如Server-U软件，在远程服务器端对FTP服务器进行必要的设置后，就可以通过Dreamweaver CS6实现本地站点的FTP上传。

Step 05 将"连接方法"设为FTP。其中"FTP地址"是指要上传的服务器IP地址，"用户名"和"密码"指申请的账号和密码，如右图所示。

Step 06 单击"保存"按钮，关闭对话框。单击"文件"面板中的 按钮，连接远程服务器，如下左图所示。

Step 07 在"文件"面板中选择本地文件，单击"上传文件"按钮 上传文件，单击"下载文件"按钮 可将远程服务器上的文件下载到本地，如下右图所示。

设计师训练营　创建我的第一个站点

要创建一个网站，需要获取用户需求、准备网站素材（如图片、Flash文件等），然后才是利用Dreamweaver软件进行网站界面设计。如果前期工作准备得充分，后期的站点制作才会很顺利。所以前期花费的时间会比较长，有时需要反复和用户交流，不断更新用户需求，这样后期就不会占用太多时间。这里创建一个关于植物园的网站，该站点包含images文件夹，用来存放站点所需图像文件；包含css文件夹，存放站点样式文件；还包含一个网页introduction.html介绍植物园的概况。创建步骤如下。

Step 01 启动Dreamweaver CS6，执行"站点>新建站点"命令，打开"站点设置对象"对话框，设置站点名称和站点存放的本地文件夹，如下左图所示。

Step 02 设置完成后单击"保存"按钮。随后执行"窗口>文件"命令，打开"文件"面板。此时，站点文件夹内没有任何文件，如下右图所示。

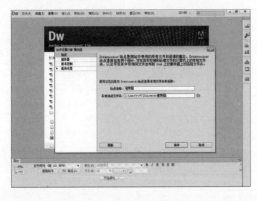

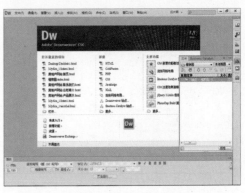

Step 03 选择"站点-植物园",单击鼠标右键,在弹出的菜单中选择"新建文件夹",默认情况下,新建的文件夹名称为"untitled",更改名称为"images",如下左图所示。

Step 04 同时将图像文件手动复制到当前站点的images目录下。同理,在当前站点目录中创建新建文件,将默认名称更改为"introduction.html",如下右图所示。

Step 05 在"文件"面板中,双击"introduction.html"文件,然后执行"插入>表格"命令,在网页中插入一个1行1列表格,单击"确定"按钮,如下左图所示。

Step 06 选中表格,在"属性"面板中将对齐方式设置为"居中对齐",同时将"填充""间距"以及"边框"属性均设为0,如下右图所示。

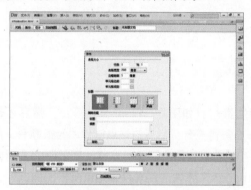 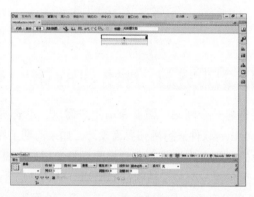

Step 07 将光标定位到表格中,执行"插入>图像"命令,弹出"选择图像源文件"对话框,选择图像文件"title.jpg",单击"确定"按钮,在表格中插入图像,如下左图所示。

Step 08 将光标定位到表格的右边,执行"插入>表格"命令,插入一个1行2列的表格,在"属性"面板中设置表格的对齐方式为"居中对齐",设置"填充""间距"以及"边框值"均为0,同时将宽度属性设为"710像素",如下右图所示。

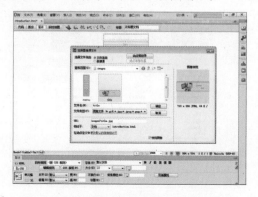 

Step 09 将光标定位到表格的第1列单元格中，在"属性"面板中设置单元格的水平对齐方式为"左对齐"，垂直对齐方式为"顶端"，宽度值为"100"像素，如下左图所示。

Step 10 将光标定位到第1列单元格中，执行"插入>图像"命令，插入menu.jpg图像，如下右图所示。

Step 11 将光标定位到第2列单元格中，在"属性"面板中设置单元格的水平对齐方式为"左对齐"，垂直对齐方式为"顶端"，"背景色"为"#69B11F"，如下左图所示。

Step 12 将光标定位到第2列单元格中，输入并选中文字，在"属性"面板中单击"编辑规则"按钮，弹出"新建CSS规则"对话框，设置选择器类型值为"类（可应用于任何HTML元素）"，设置"选择器名称"为".style_header"，规则定义选择"（新建样式表文件）"，单击"确定"按钮，如下右图所示。

Step 13 弹出"将样式表文件另存为"对话框，单击 按钮，命名为"css"，在对话框中双击该文件夹将其打开，为新建的样式表文件命名为"style1"，单击"保存"按钮，如下左图所示。

Step 14 弹出".style_header的css规则定义（在style1.css中）"对话框，选择"类型"选项卡，然后设置字体类型为"宋体"，字体大小为"22"像素，字体颜色为"#98D146"，行高为"30"像素，单击"确定"按钮，如下右图所示。

Step 15 在".style_header的css规则定义（在style1.css中）"对话框中选择"区块"选项卡，然后设置垂直对齐方式为"text-top"，文本对齐方式为"center"，单击"确定"按钮，如下左图所示。

Step 16 将光标定位到第2列单元格中第2行，输入并选中文字，在"属性"面板中设置目标规则为"新建规则"，单击"编辑规则"按钮，弹出"新建CSS规则"对话框，设置"选择器类型"为"类（可应用于任何HTML元素）"，输入"选择器名称"为".style_text"，设置"规则定义"为"style1.css"，单击"确定"按钮，如下右图所示。

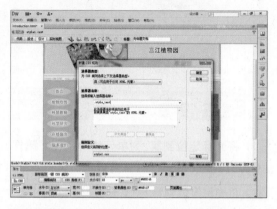

Step 17 弹出".style_text的css规则定义（在style1.css中）"对话框，选择"类型"选项卡，然后设置字体类型为"宋体"，字体大小为"14"像素，字体颜色为"#98D146"，行高为"20"像素，单击"确定"按钮，如下左图所示。

Step 18 在".style_text的css规则定义（在style1.css中）"对话框中，选择"区块"选项卡，然后设置垂直对齐方式为"text-top"，文本对齐方式为"left"，单击"确定"按钮，如下右图所示。

Step 19 将光标定位到段落开始位置，执行"插入>HTML>特殊字符>其他字符"命令，弹出"插入其他字符"对话框，选中"空格"，单击"确定"按钮，在段落开始位置插入一个空格。同样的方法，插入第二个空格，如右图所示。

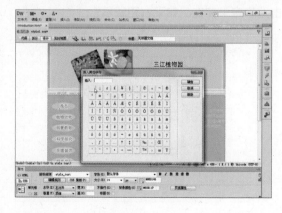

Step 20 将光标定位到当前表格右边，执行"插入>表格"命令，插入一个1行1列表格，在"属性"面板中，设置宽度为"710"像素，设置"填充""间距"以及"边框值"均为0，设置对齐方式为"居中对齐"，如下左图所示。

Step 21 将光标定位到表格单元格中，输入版权信息文字，在"属性"面板中设置水平对齐方式为"居中"，垂直对齐方式为"居中"，高度为"60"像素，背景颜色为"#159001"，如下右图所示。

Step 22 在"属性"面板中单击"页面属性"按钮，弹出"页面属性"对话框，选择"外观（CSS）"选项卡，然后设置背景颜色"#159001"，如下左图所示。

Step 23 单击"在浏览器中浏览/调试"按钮，选择"预览在IExplore"，打开IE预览最终效果，也可以使用快捷键F12，如下右图所示。

🔄 **知识链接** 测试站点主要包括哪些方面？

　　在完成了对站点中页面的制作后，就可以将其发布到Internet上供大家浏览和观赏了。但是在此之前，应该对所创建的站点进行测试，测试主要包括以下几方面：（1）在测试站点过程中，应确保在目标浏览器中网页能够如预期地显示和工作，没有无效的链接，并且下载时间不宜过长等。（2）了解各种浏览器对Web页面的支持程度，在不同的浏览器中观看同一个Web页面，会有不同的效果。很多制作的特殊效果，在有些浏览器中可能看不到，为此需要进行浏览器兼容性检测，以找出不被这些浏览器支持的部分。（3）检查链接的正确性。可以通过Dreamweaver提供的检查链接功能来检查文件或站点中的内部链接及孤立文件。

1. 选择题

（1）根据不同的标准可将网站做不同的分类，下列网站不属于根据网站的持有者分类的是（ ）。

    A. 个人网站　　　　　B. 政府网站　　　　　C. 教育网站　　　　　D. 门户网站

（2）常见的网页布局类型是（ ）。

    A. 企业品牌类网站　　　　　　　　　B. 交易类网站

    C. 分栏型网站　　　　　　　　　　　D. 资讯门户类网站

（3）下列网页色彩搭配不属于邻近色搭配的是（ ）。

    A. 红色——橙色　　　　　　　　　　B. 紫色——红色

    C. 黄色——草绿色　　　　　　　　　D. 黄色——蓝色

（4）下列说法错误的一项是（ ）。

    A. 网站的性能测试主要从连接速度测试、负荷测试进行的

    B. 连接速度测试是指打开网页的响应速度测试

    C. 安全性测试是对客户服务器应用程序、数据、服务器、网络、防火墙等进行测试

    D. 稳定性测试是指测试网站运行中整个系统是否运行正常

2. 填空题

（1）网站是指因特网上一块固定的面向全世界发布消息的地方，由_____、网站源程序和_____构成，通常包括主页和其他具有超链接文件的页面。

（2）_____是构成网站的基本元素，是承载各种网站应用的平台。

（3）彩色具有三个属性，包括_____、_____和明度。

（4）网站标志是网站独有的传媒符号，主要作用是传递_____，表达_____，便于人们识别。

3. 上机题

（1）启动网页设计程序并熟悉其操作界面。

（2）申请域名和空间。

请使用已学过的知识在中国万维网申请域名和空间。

操作提示

① 选择域名注册服务商。

② 查询域名是否已经被注册。

③ 填写注册用户信息。

④ 支付域名注册服务费。

⑤ 提交注册表单。

Chapter 02

网页中基本元素的编辑

　　Web初期最基本的元素是文本，现在漂亮的图像、多变的Flash、智能的Java等元素也成为网页中经常使用的元素。一个漂亮的、有动态效果的网页不仅可以吸引访问者，而且能够让访问者轻松愉快地完成自己的网上之旅。

重点难点

- 了解图像的常见格式
- 掌握网页中插入图像的方式
- 掌握图像编辑器的使用方法
- 掌握插入图像的技巧
- 熟悉其他多媒体插入方式

Section 01 在网页中插入图像

在网上冲浪的过程中，遇到各种类型的图像是在所难免的。图像有助于Web快速地被人们所接受，并将浏览者的注意力吸引到Web页面上。在使用图像前，最好运用图像处理软件美化一下图像，否则插入的图像可能会显得非常死板。

01 网页中图像的常见格式

网页中图像的格式通常有三种，即GIF、JPEG和PNG。目前GIF和JPEG文件格式的支持情况最好，大多数浏览器都可以查看它们。而PNG文件具有较大的灵活性且文件较小，所以它对于几乎任何类型的网页图形都是最适合的。但是Microsoft Internet Explorer和Netscape Navigator只能部分支持PNG图像的显示，因此建议在制作网页时最好使用GIF或JPEG格式以满足更多人的需求。

1. GIF格式

GIF是英文Graphic Interchange Format的缩写，即图像交换格式。GIF文件最多使用256种颜色，最适合用于显示色调不连续或具有大面积单一颜色的图像，例如导航条、按钮、图标、徽标或其他具有统一色彩和色调的图像。GIF格式的最大优点就是制作动态图像，它可以将数张静态文件作为动画帧串联起来，转换成一个动画文件；GIF格式的另一优点是可以将图像以交错的方式在网页中呈现。所谓交错显示，就是当图像尚未下载完成时，浏览器会先以马赛克的形式将图像慢慢显示，让浏览者可以大略猜出下载图像的雏形。

2. JPEG格式

JPEG是英文Joint Photographic Experts Group的缩写，专门用来处理照片图像。JPEG格式的图像为每一个像素提供了24位可用的颜色信息，从而提供了上百万种颜色。为了使JPEG便于应用，大量的颜色信息必须被压缩。压缩是通过删除那些运算法则认为是多余的信息来进行的，这通常被归类为有损压缩，即图像的压缩是以降低图像的质量为代价来减小图像文件大小的。JPEG文件压缩的程度越大，图像的质量就越差，当保存图像为JPEG格式时，软件会提示图像文件压缩的比例。

3.PNG格式

PNG是英文单词Portable Network Graphic的缩写，即便携网络图像。该文件格式是一种替代GIF格式的无专利权限制的格式，它包括对索引色、灰度、真彩色图像以及Alpha透明通道的支持。PNG是Macromedia Fireworks固有的文件格式。PNG文件可保留所有原始层、矢量、颜色和效果信息，并且在任何时候所有元素都是可以完全编辑的。文件必须具有.png文件扩展名才能被Dreamweaver识别为PNG文件。

02 插入图像

图像是网页构成中最重要的元素之一，美观的图像会为网站增添生命力，同时也能加深用户对网站的良好印象。因此网页设计者要掌握好图像的使用方法，具体操作如下。

Step 01 打开网页文档，执行"插入>图像"命令，弹出"选择图像源文件"对话框，如下左图所示。

Step 02 在该对话框中选择要插入的图像，单击"确定"按钮可在网页中插入图像，如下右图所示。

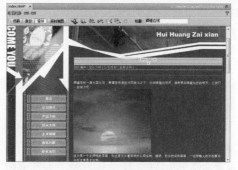

将图像插入Dreamweaver文档时，HTML源代码中会生成对该图像文件的引用。为了确保此引用的正确性，该图像文件必须位于当前站点中。如果图像文件不在当前站点中，Dreamweaver会询问是否要将此文件复制到当前站点中。

03　图像的属性设置

图像属性面板允许设置图像的属性。选中图像，执行"窗口>属性"命令，或按快捷键Ctrl+F3，打开"属性"面板。如果并未看到所有的图像属性，单击位于右下角的展开箭头。如下图所示。

1. ID

插入图像的时候可以不输入图像名称。但在图像中应用动态HTML效果或利用脚本的时候，应该输入英文来表示图像名称，不可以使用特殊字符，而且在输入内容中不能有空格。

2. 宽和高

图像的宽度和高度以像素表示。在页面中插入图像时，Dreamweaver会自动用图像的原始尺寸更新这些文本框中的数值。

如果设置的"宽"和"高"值与图像的实际宽度和高度不相符，则该图像在浏览器中可能不会正确显示。若要恢复原始值，可在"宽"和"高"文本框中重新输入数值，或单击文本框右侧的"重设大小"按钮。

3. 源文件

指定图像的源文件。单击文件夹图标可以浏览到源文件，或者直接键入文件路径。

4. 链接

指定图像的超链接。将"指向文件"图标拖到"文件"面板中的某个文件上，单击文件夹图标即可浏览到站点上的某个文档，或手动键入URL。

5. 替换

指定在只显示文本的浏览器或已设置为手动下载图像的浏览器中代替图像显示的替代文本。如果用户的浏览器不能正常显示图像时，替换文字代替图像给用户以提示。对于使用语音合成器（用于只显示文本的浏览器）的有视觉障碍的用户，将大声读出该文本。在某些浏览器中，当鼠标指针滑过图像时也会显示该文本。

6. 地图名称和热点工具

允许标注和创建客户端图像地图。

7. 目标

指定链接的页应加载到的框架或窗口（当图像没有链接到其他文件时，此选项不可用）。当前框架集中所有框架的名称都显示在"目标"列表中。也可选用下列保留目标名：

- _blank 将链接的文件加载到一个未命名的新浏览器窗口中。
- _parent 将链接的文件加载到含有该链接的框架的父框架集或父窗口中。如果包含链接的框架不是嵌套的，则链接文件加载到整个浏览器窗口中。
- _self 将链接的文件加载到该链接所在的同一框架或窗口中。此目标是默认的，所以通常不需要指定它。
- _top 将链接的文件加载到整个浏览器窗口中，因而会删除所有框架。

8. 编辑

启动在"外部编辑器"首选参数中指定的图像编辑器并打开选定的图像。

9. 原始

如果该Web图像（Dreamweaver页面上的图像）与原始Photoshop文件不同步，则表明Dreamweaver检测到原始文件已经更新，并以红色显示智能对象图标的一个箭头。当在"设计"视图中选择该Web图像并在属性检查器中单击"从原始更新"按钮时，该图像将自动更新，以反映您对原始Photoshop文件所做的任何更改。

10. 编辑图像设置

打开"图像优化"对话框并优化图像。

11. 裁剪

裁切图像的大小，从所选图像中删除不需要的区域。

12. 重新取样

对已调整大小的图像进行重新取样，提高图片在新的大小和形状下的品质。

13. 亮度/对比度

调整图像的亮度和对比度。

14. 锐化

调整图像的锐度。

04　图像的对齐方式

如果只插入图像，而不设置图像的对齐方式，页面就会显得混乱。可以设置图像与同一行中的文本、另一个图像、插件或其他元素对齐，还可以设置图像的水平对齐方式。

选中图像，单击鼠标右键，在快捷菜单中选择"对齐"命令级联菜单中的对齐方式即可，如右图所示。

图像和文字在垂直方向上的对齐方式一共有10种，下面分别对它们进行介绍。

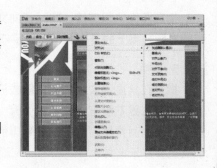

- 浏览器默认值：设置图像与文本的默认对齐方式。
- 基线：将文本的基线与选定对象的底部对齐，其效果与"默认值"基本相同。
- 对齐上缘：将页面第1行中的文字与图像的上边缘对齐，其他行不变。
- 中间：将第1行中的文字与图像的中间位置对齐，其他行不变。
- 对其下缘：将文本（或同一段落中的其他元素）的基线与选定对象的底部对齐，与"默认值"的效果类似。
- 文本顶端：将图像的顶端与文本行中最高字符的顶端对齐，与"顶端"的效果类似。
- 绝对中间：将图像的中部与当前行中文本的中部对齐，与"居中"的效果类似。
- 绝对底部：将图像的底部与文本行的底部对齐，与"底部"的效果类似。
- 左对齐：图片基于全部文本的左边对齐，如果文本内容的行数超过了图片的高度，则超出的内容再次基于页面的左边对齐。
- 右对齐：与"左对齐"相对应，图片将基于全部文本的右边对齐。

05 运用HTML代码设置图像属性

使用HTML代码在网页上插入图片就要用到<img>标签，通过设置它的众多属性可以控制图片的路径、尺寸和替换文字等。默认情况下，页面中图像的显示大小就是图片默认的宽度和高度，width和height属性分别用来定义图片的宽度和高度。src属性用来指定图像源文件所在的路径，它是图像必不可少的属性。下面第1行代码是将图像宽度和高度分别设置为271像素和219像素，而第2行代码是将图像的宽度和高度分别设置为220像素和187像素。

```
01<img src="images/1.jpg" width="271" height="219">
02<img src="images/1.jpg" width="220" height="187">
```

运用HTML代码设置图像属性的方法是，打开网页文档，选择需要修改的图像，然后单击"代码"视图，进入代码视图状态即可进行修改。如右图所示。

<img>标签的相关属性见表3-1所示。

表3-1 <img> 标签的属性定义

属性	描述	属性	描述
src	图像的源文件	align	对齐方式
alt	替换文字	dynsrc	设定AVI文件的播放
width	图像的宽度	loop	设定AVI文件循环播放次数
height	图像的高度	start	设定AVI文件播放方式
border	边框	lowsrc	设定低分辨率图片
vspace	垂直间距	usemap	映像地图
hspace	水平间距		

Section 02 使用图像编辑器

Dreamweaver CS6提供了基本的图像编辑功能，无需使用外部图像编辑应用程序（如Fireworks或Photoshop）即可修改图像。在Dreamweaver中可以重新取样、裁剪、优化和锐化图像，还可以调整图像的亮度和对比度。

在Dreamweaver文档中选中图像，在"属性"面板中可以对图像进行编辑。其中，常见的图像编辑工具主要包括以下几种。

- ▣：在Photoshop CS6中打开选定的图像以进行编辑。
- ✎：编辑图像设置工具。
- ▨：裁剪工具。
- ▧：重新取样。
- ◑：亮度/对比度调节工具。
- △：锐化工具。

01 裁剪图像

通过裁剪图像来减小图像区域是编辑图像时常用的一种方法。通常，裁剪图像是为了强调图像主题，或删除图像中不需要的部分。使用Dreamweaver裁剪图像的具体操作步骤如下。

Step 01 打开网页文档，选中要裁剪的图像，在"属性"面板中单击"裁剪"按钮，如下左图所示。

Step 02 利用光标在图像上选择适合的大小并双击即可裁剪图像，如下右图所示。

🔄 知识链接 在Dreamweaver中裁剪图像时的注意事项

使用Dreamweaver裁剪工具裁剪图像时，会一并更改磁盘上的源图像文件大小，因此需要备份图像文件，以便在需要恢复到原始图像时使用。

02 调整图像的亮度和对比度

亮度和对比度调节工具是用来修改图像中像素的亮度或对比度的工具，使用此工具可修正过暗或过亮的图像。在Dreamweaver中调整图像的亮度和对比度的具体操作步骤如下。

Step 01 打开网页文档并选中图像，在"属性"面板中单击"亮度/对比度"按钮，打开相应的对话框，如下左图所示。

Step 02 在"亮度/对比度"对话框中，设置图像的"亮度"为25，"对比度"为25，然后单击"确定"按钮即可，如下右图所示。

03 锐化图像

锐化功能通过增加对象边缘像素的对比度而增加图像的清晰度或锐度。下面讲述使用Dreamweaver锐化图像的具体操作步骤。

Step 01 打开网页文档并选中图像，在"属性"面板中单击"锐化"按钮，弹出"锐化"对话框，如下左图所示。

Step 02 在"锐化"对话框中，将"锐化"设置为5，然后单击"确定"按钮即可，如下右图所示。

Section 03 插入其他图像文件

在设计网页的时候，往往会遇到这样的情况，已经构建了网页的整体架构，但是图像还没有准备好。此时可以先插入图像占位符，等图像制作完成后再插入。还可以设置图像的一些特殊效果，如鼠标经过图像，就是当光标移动到该图像上时，该图像切换成为另一幅图像。

01 图像占位符

图像占位符在网站排版布局中经常用到，可以随意定义其大小，并且可放置在预插入图像的位置。插入图像占位符的具体操作步骤如下。

Step 01 打开网页文档，将插入点置于要插入图像占位符的位置，如下左图所示。

Step 02 执行"插入>图像对象>图像占位符"命令，弹出"图像占位符"对话框，如下右图所示。

Step 03 在"名称"文本框中输入名称，将"宽度"设置为419，"高度"设置为201，"颜色"设置为# #083800，如下左图所示。

Step 04 单击"确定"按钮，即可在文档中插入一个图像占位符，如下右图所示。

02 插入鼠标经过图像

创建鼠标经过图像效果时必须提供原始图像和鼠标经过图像。在浏览器中浏览网页时，当光标移至原始图像上时会显示鼠标经过图像，当光标移出图像范围时则显示原始图像。插入鼠标经过图像操作步骤如下。

Step 01 打开网页文档，将插入点放置在要插入鼠标经过图像的位置，如下左图所示。

Step 02 执行"插入>图像对象>鼠标经过图像"命令，弹出"插入鼠标经过图像"对话框。在"图像名称"文本框中输入名称，如下右图所示。

知识链接 认识"插入鼠标经过图像"对话框

- 图像名称：输入鼠标经过图像的名称。
- 原始图像：单击"浏览"按钮选择图像源文件或直接输入图像路径。
- 鼠标经过图像：单击"浏览"按钮选择图像文件或直接输入图像路径，设置鼠标经过时显示的图像。
- 预载鼠标经过图像：勾选此复选框，可使图像预先载入浏览器的缓存中，以便用户将光标滑过图像时不发生延迟。
- 替换文本：为使用只显示文本的浏览器浏览者输入描述该图像的文本。
- 按下时，前往的URL：单击"浏览"按钮选择文件，或直接输入当单击鼠标经过图像时打开的网页路径或网站地址。

Step 03 单击"原始图像"文本框后面的"浏览"按钮，在弹出的对话框中选择鼠标经过前的"原始图像"，或直接输入图像的名称或路径，如下左图所示。

Step 04 单击"鼠标经过图像"文本框后面的"浏览"按钮，在弹出的对话框中选择相应的图像，或直接输入图像的名称或路径，如下右图所示。

Step 05 单击"确定"按钮，在"属性"面板中设置对齐方式为"居中"对齐。最后按F12键预览鼠标经过前和经过后的效果，如下图所示。

    此外，还可以在Dreamweaver中插入Fireworks HTML文件，Fireworks HTML文件中包括了关联的图像链接、切片信息和JavaScript脚本语言。插入HTML文件可使在Dreamweaver页面中加入Fireworks生成的图像和网页特效更加方便。

03 鼠标经过图像代码

鼠标经过图像实质上是通过JavaScript脚本完成的，在<head>中添加的代码由Dreamweaver自动区域，分别定义了MM_swapImgRestore()、MM_swapImage()和MM_preloadImages()三个函数。

```
01 <a href="#" onMouseOut="MM_swapImgRestore()"
02 onMouseOver="MM_swapImage('Image9','','images/chazhuang.jpg',1)">
03 <img src="images/1.gif" width="419" height="201" id="Image9"></a>
```

- onMouseOut事件是指当光标离开页面元素上方时发生的事件。
- onMouseOver事件是指当光标移动到页面元素上方时发生的事件，这里将显示图片chazhuang.jpg。
- img src="images//1.gif"表示原始的图片为1.gif。

Section 04 插入其他多媒体

在Dreamweaver中除了插入Flash多媒体元素外还可添加其他多媒体元素，如ActiveX控件、视频、JavaApplet和FlashPaper文档等，下面将分别进行介绍。

01 插入 JavaApplet

Applet可以翻译为小应用程序，JavaApplet就是用Java语言编写的这样的一些小应用程序，它们可以直接嵌入到网页中，并能够产生特殊的效果。包含Applet的网页被称为Java-powered页，可以称其为Java支持的网页。

当用户访问这样的网页时，Applet被下载到用户的计算机上执行，但前提是用户使用的是支持Java的浏览器。由于Applet是在用户的计算机上执行的，因此它的执行速度不受网络带宽或者Modem存取速度的限制。用户可以更好地欣赏网页上Applet产生的多媒体效果。

在JavaApplet中，可以实现图形绘制，字体和颜色控制，动画和声音的插入，人机交互及网络交流等功能。Applet还提供了名为抽象窗口工具箱（Abstract Window Toolkit，AWT）的窗口环境开发工具。AWT利用用户计算机的GUI元素，可以建立标准的图形用户界面，如窗口、按钮、滚动条等。目前，在网络上有非常多的Applet范例来生动地展现这些功能，读者可以调阅相应的网页以观看它们的效果。

可以使用Dreamweaver将JavaApplet插入到网页文档中，具体操作步骤如下。

Step 01 打开网页文档，将插入点置于要插入JavaApplet的位置，如右图所示。

`Step 02` 执行"插入>媒体> Applet"命令，弹出"选择文件"对话框，如下左图所示。

`Step 03` 在对话框中选择Applet文件，单击"确定"按钮插入Applet。在"属性"面板中将"宽"设置为419，"高"设置为201。最后保存网页，并按F12键在浏览器中预览，如下右图所示。

02 JavaApplet 代码

插入Applet将使用<applet>标签，实例代码如下所述。

01<applet code="study.class" alt="介绍" width="419" height="201">

02</applet>

code：同Dreamweaver"属性"面板中的"代码"，表示applet代码的路径和名称。

alt：同Dreamweaver"属性"面板中的"替代"，表示替换文字。

width：表示applet的宽度。

height：表示applet的高度。

03 插入 ActiveX 控件

在设计网页时也可以在页面中插入ActiveX控件。ActiveX控件是对浏览器能力的扩展，其仅在Windows系统上的Internet Explorer中运行。ActiveX控件的作用和插件相同，它可以在不发布浏览器新版本的情况下扩展浏览器的能力。

将插入点置于网页中要插入ActiveX的位置，执行"插入>媒体>ActiveX"命令，在网页中插入ActiveX。选中该ActiveX，打开"属性"面板设置相关属性，如下图所示。

ActiveX"属性"面板主要有以下参数。

● 名称：指定用来标识 ActiveX对象以进行脚本撰写的名称。

● 宽和高：以像素为单位指定对象的宽度和高度。

● ClassID：为浏览器标识ActiveX控件，输入一个值或从下拉列表中选择一个值。在加载页面时，浏览器使用该类ID来确定与该页面关联的 ActiveX控件所需的位置。

● 嵌入：为该ActiveX控件在object标签内添加embed标签。

● 对齐：确定对象在页面上的对齐方式。

- 参数：在打开的对话框中可输入传递给ActiveX对象的附加参数。
- 播放：单击该按钮可以观察ActiveX控件的播放效果，同时该"播放"按钮变成"停止"按钮。单击"停止"按钮，则停止ActiveX控件的预览。
- 源文件：定义如果启用了"嵌入"选项，将要用于Netscape Navigator插件的数据文件。如果没有输入值，则Dreamweaver将尝试根据已输入的ActiveX属性确定该值。
- 垂直边距和水平边距：以像素为单位指定对象上、下、左、右的空白量。
- 基址：指定包含该ActiveX控件的URL。
- 替换图像：指定在浏览器不支持object标签的情况下要显示的图像。只有取消勾选"嵌入"复选框后此选项才可用。
- 数据：为要加载的ActiveX控件指定数据文件。

（●）设计师训练营 在网页中插入 Flash 对象

目前Flash动画是网页上最流行的动画格式，被大量应用于网页制作中，下面就讲述在网页中插入Flash对象的方法。

Step 01 打开要插入Flash动画的网页文档，将插入点放置在要插入Flash动画的位置，如下左图所示。

Step 02 执行"插入＞媒体＞SWF"命令，弹出"选择SWF"对话框，如下右图所示。

Step 03 在对话框中选择要插入的文件，单击"确定"按钮即可插入Flash。修改高度为"419"，宽度为"201"，如下左图所示。

Step 04 保存网页，按F12键在浏览器中预览，如下右图所示。

选中插入的Flash动画，在Flash"属性"面板中可设置Flash属性，如下图所示。

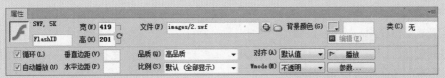

- FlashID：用来标识影片的名称。
- 宽和高：以像素为单位设置影片的宽和高。
- 文件：指定Flash文件的路径。单击文件夹按钮可选择文件，或直接在文本框中输入文件的路径。
- 背景颜色：指定影片区域的背景颜色。在不播放影片时（加载时和播放后）显示此颜色。
- 循环：勾选此复选框，动画将在浏览器端循环播放。
- 自动播放：勾选此复选框，则文档被载入浏览器时，自动播放Flash动画。
- 垂直边距和水平边距：用来指定动画边框与网页上边界和左边界的距离。
- 品质：用来设置Flash动画在浏览器中的播放质量，有"低品质""自动低品质""自动高品质"和"高品质"四个选项。
- 比例：用来设定显示比例，有"默认（全部显示）""无边框"和"严格匹配"三个选项。
- 对齐：设置Flash影片的对齐方式。
- Wmode：为SWF文件设置Wmode参数以避免与DHTML元素（例如Spry构件）相冲突。默认值是不透明。
- 编辑：用于打开Flash软件对源文件进行处理。
- 播放：用于在设计视图中播放Flash动画。
- 参数：用来打开一个对话框，在其中输入能使该Flash动画顺利运行的附加参数。

课后练习

1. 选择题

(1) 设置文本属性使用（ ）设置。

　　A. 属性面板　　　　　　　　B. 对象面板　　　　　　C. 启动面板　　　　　　D. 插入面板

(2) 创建有序选项的列表使用（ ）。

　　A. 编号列表　　　　　　　　B. 项目列表　　　　　　C. 定义列表　　　　　　D. 分类列表

(3) 利用（ ）功能可以增加图像边缘的对比度，从而增加图像的清晰度和锐度。

　　A. 裁剪　　　　　　　　　　B. 亮度和对比度　　　　C. 锐化　　　　　　　　D. 重新取样

(4) 在浏览器中单击 E-Mail 超链接，可启动（ ）。

　　A. 网页　　　　　　　　　　B. 浏览器　　　　　　　C. 邮件程序　　　　　　D. A、B、C

2. 填空题

(1) 通常用于网页上的图像格式为 JPG、_____和 PNG。

(2) 鼠标经过图像必须具有两幅图像：初始图像和_____，并且两幅图像大小相同。

(3) 在网站中链接路径可以分为：_____和_____。

(4) 如果一个图像里需要包含多个链接区域，就要将一个大图像分成几块小的区域，对每个区域都单独进行链接，这时可以利用图像的_____。

3. 上机题

请使用已经学过的图像知识在网页中插入图像与文字，实现图文混排效果。

操作提示

① 在网页中相应位置插入图像，并调整图像的大小。

② 在图像旁输入文字内容，并调整文字字体类型、大小等信息。

③ 在图像上单击鼠标右键，选择适当的对齐方式，实现图文混排。

④ 按F12键，在浏览器预览最终效果即可。

Chapter 03

网页中超链接的创建

超级链接简称超链接或链接，它惟一地指向另一个Web信息页面。创建超链接是编写网页的一个重要部分。网页中的链接可以分为内部链接、外部链接、文本超链接、电子邮件超链接、图像超链接、图像热点超链接、下载文件超链接、锚点超链接等。本章就来讲述如何使用各种超链接建立各个页面之间的链接。

重点难点

- 超链接基本概念
- 网页超链接的管理
- 网页超链接的错误检查
- 如何在图像中应用超链接
- 锚点链接的使用
- 在Dreamweaver CS6中使用超链接

Section 01 超级链接的概念

超级链接是诸如页面中的文本、图像或其他HTML元素与其他资源之间的链接。它定义的是页面与页面之间的关联关系，惟一地指向另一个页面。通过单击超链接，可以从一个页面跳转到另一个页面。网页中的链接按照链接路径的不同，可以分为相对路径、绝对路径。按照所连接网站的不同，可分为外部链接和内部链接。

01 相对路径

相对路径就是相对于当前文件的路径。网页中表示路径一般使用这种方法。相对路径对于大多数站点的本地链接来说，是最适用的路径。在当前文档与所链接的文档处于同一文件夹内时，文档相对路径特别有用。文档相对路径还可用来链接到其他文件夹中的文档，其方法是利用文件夹层次结构，指定从当前文档到所链接的文档的路径。文档相对路径的基本思想是省略掉对于当前文档和所链接的文档都相同的绝对URL（Uniform Resource Locator，统一资源定位符）部分，而只提供不同的路径部分。

02 绝对路径

绝对路径是指包括服务器规范在内的完全路径，通常使用http://来表示。绝对路径就是网页上的文件或目录在硬盘上真正的路径。采用绝对路径的好处是，它同链接的源端点无关。只要网站的地址不变，无论文档在站点中如何移动，都可以正常实现跳转。另外，如果希望链接到其他同站点上的内容，就必须使用绝对路径。

采用绝对路径的缺点在于这种方式的链接不利于测试。如果在站点中使用绝对地址，要想测试链接是否有效，必须在Internet服务器端对链接进行测试。绝对路径一般在CGI程序的路径配置中经常用到，而在制作网页中实际很少用到。

03 外部链接和内部链接

外部链接是指链接到外部的地址，一般是绝对地址链接。创建外部超级链接的操作比较简单，先选中文字或图像，直接在"属性"面板中的"链接"文本框中输入外部的链接地址，如http://www.baidu.com。

内部链接是指站点内部页面之间的链接，创建内部链接的方法是打开要创建内部链接的网页文档，在网页中选择要链接的文本，在"属性"面板中单击"链接"文本框后面的"浏览文件"按钮，在弹出的"选择文件"对话框中选择文件，然后单击"确定"按钮即可。

Section
02

管理网页的超级链接

　　管理超链接是网页管理中不可缺少的一部分，通过超链接可以使各个网页连接在一起，使网站中众多的网页构成一个有机整体。通过管理网页中的超链接，可以对网页进行相应的管理。

01　自动更新链接

　　每当在本地站点内移动或重命名文档时，Dreamweaver可更新指向该文档的链接。当将整个站点存储在本地硬盘上，此项功能将最适合用于Dreamweaver。

　　为了加快更新过程，Dreamweaver可创建一个缓存文件，用以存储有关本地文件夹中所有链接的信息。在添加、更改或删除指向本地站点上的文件的链接时，该缓存文件以可见的方式进行更新。自动更新链接的具体操作步骤如下。

Step 01 启动Dreamweaver软件，执行"编辑>首选参数"命令，打开"首选参数"对话框。从左侧的"分类"列表中选择"常规"选项，在"文档选项"选项组下，从"移动文件时更新链接"下拉列表中选择"总是"或"提示"，如下左图所示。

Step 02 若选择"总是"，则每当移动或重命名选定的文档时，Dreamweaver将自动更新源自和指向该文档的所有链接。如果选择"提示"选项，在移动文档时，Dreamweaver将显示一个对话框提示是否进行更新，在该对话框中列出了此更改影响到的所有文件，单击"更新"按钮将更新这些文件中的链接，如下右图所示。

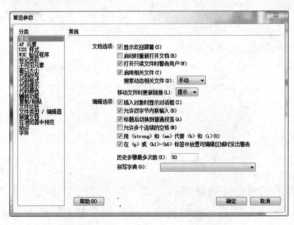

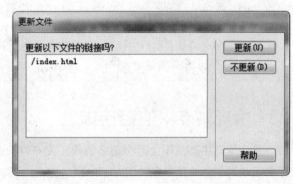

02　在站点范围内更改链接

　　除了每当移动或重命名文件时让Dreamweaver自动更新链接外，还可以在站点范围内更改所有链接，具体操作步骤如下。

Step 01 打开已创建的站点地图，选中一个文件，执行"站点>改变站点范围的链接"命令，如下左图所示。

Step 02 在弹出的"更新整个站点链接"对话框中，将站点中所有的链接页面/index3.html变成新链接/gongsijieshao.html，如下中图所示。

Step 03 单击"确定"按钮，弹出"更新文件"对话框，如下右图所示。单击"更新"按钮，完成更改整个站点范围内的链接。

 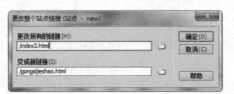 

在整个站点范围内更改某个链接后，所选文件就成为独立文件（本地硬盘上没有任何文件指向该文件）。这时可安全地删除此文件，而不会破坏本地Dreamweaver站点中的任何链接。

因为这些更改是在本地进行的，所以必须手动删除远程文件夹中的相应独立文件，然后存回或取出链接已经更改的所有文件，否则站点浏览者将看不到这些更改。

🔄 **知识链接** 文字链接标签

在浏览网页时，光标经过某些文本时，会变为小手形状，同时文本也会发生变化，提示浏览者这是带链接的文本。此时单击鼠标左键，会打开所链接的网页，这就是文字超级链接。在HTML语言中用超链接标签指向一个目标。下面是一个文字链接的代码：

<a href="gongsijieshao.html" target="_blank"></a>

href：是<a>标签的一种属性，该属性中的URL等于链接目标文件的地址。

target：也是<a>标签的一种属性，相当于Dreamweaver"属性"面板中的"目标"选项，如果它的值等于_blank，效果是在新窗口中打开。除此之外还包括其他三种：_parent，_self和_top。这和Dreamweaver中"目标"下拉列表中的内容是一样的。

---

03 检查站点中的链接错误

整个网站中有成千上万个超级链接，发布网页前需要对这些链接进行测试，如果对每个链接都进行手工测试，会浪费很多时间，Dreamweaver CS6"站点管理器"窗口就提供了对整个站点的链接进行快速检查的功能。这一功能很重要，可以找出断掉的链接、错误的代码和未使用的孤立文件等，以便进行纠正和处理。

打开网页文档，执行"站点>检查站点范围的链接"命令，打开"链接检查器"面板。其中孤立文件是在网页中没有使用，但存放在网站文件夹里，上传后它会占据有效空间，应该把它清除。清除的办法是先选中文件，然后按Delete键即可。

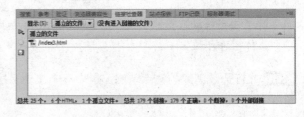

Section 03 在图像中应用超级链接

图像链接和文本链接一样，都是网页中基本的链接。创建图像链接是在"属性"面板的"链接"文本框中完成的，在浏览器中当光标经过该图像时会出现提示。

01 图像链接

在Dreamweaver中超级链接的范围很广泛，利用它不仅可以链接到其他网页，还可以链接到其他图像文件。给图像添加超级链接，使其指向其他的图像文件，这就是图像超级链接，具体操作步骤如下。

Step 01 打开文档选中图像，在"属性"面板中单击"链接"文本框后面的浏览文件图标，如下左图所示。

Step 02 在弹出的"选择文件"对话框中选择"gongsijieshao.html"，如下右图所示。

Step 03 单击"确定"按钮，即可创建图像链接。在"属性"面板的"链接"文本框中可以看到链接，如下左图所示。

Step 04 保存文件，在浏览器中单击图片，就会跳转到相应的页面，如下右图所示。

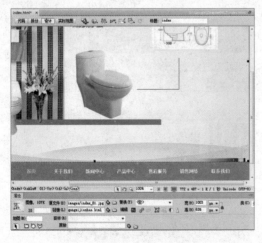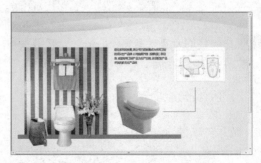

02 图像热点链接

在图形上插入热点后，将该图形导出为图像映射，以使其可以在Web浏览器中发挥作用。导出图像映射时，将生成包含有关热点及相应URL链接的映射信息的图形和HTML。

通过图像映射功能，可以在图像中的特定部分建立链接。在单个图像内，可以设置多个不同的链接。图像映射是将整张图片作为链接的载体，将图片的整个部分或某一部分设置为链接。热点链接的原理就是利用HTML语言在图片上定义一定形状的区域，然后给这些区域加上链接，这些区域被称之为热点。

常见热点工具包括如下几种：

- 矩形热点工具：单击"属性"面板中的"矩形热点工具"按钮，然后在图上按住鼠标左键并拖曳，即可勾勒出矩形热区。
- 圆形热点工具：单击"属性"面板中的"圆形热点工具"按钮，然后在图上按住鼠标左键并拖曳，即可勾勒出圆形热区。
- 多边形热点工具：单击"属性"面板中的"多边形热点工具"按钮，然后在图上多边形的每个端点位置上单击鼠标左键，即可勾勒出多边形热区。

选择图像地图中的多个热点，按下Shift键的同时单击选择其他热点。或者利用快捷键Ctrl+A（在Windows中）或者快捷键Command+A（在Macintosh中），选择所有热点。

03 创建图像热点链接

图像的热点链接可以将一幅图像分割为若干个区域，并将这些区域设置成热点区域。可以将不同热点区域链接到不同的页面，当浏览者单击图像上不同的热点区域时，就能够跳转到不同的页面。

Step 01 打开网页文档，选中要添加图像热点链接的图像文件，如下左图所示。

Step 02 执行"窗口>属性"命令，打开"属性"面板，在"属性"面板中选择"矩形热点工具"，将光标置于图像上，在图像上绘制一块矩形热区，并在"属性"面板中输入链接，如下右图所示。

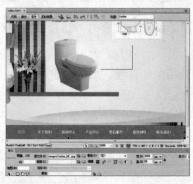

Step 03 用同样的方法绘制更多的热区，并链接到相应的文件，如右图所示。

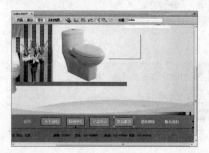

知识链接 图像热点链接代码

下面是创建的一个图像热点链接，其HTML代码如下。

```
<map name="Map">
    <area shape="rect" coords="355,11,440,43" href="gongsijieshao.html">
    <area shape="rect" coords="462,12,538,45" href="#">
    <area shape="rect" coords="559,9,643,48" href="#">
    <area shape="rect" coords="663,9,747,47" href="#">
</map>
```

首先将使用<img src="图像的URL">标签插入一幅图像，之后在此基础上画出"热点区域"。由于在HTML语言的代码状态下无法观察到图像，因此就无法精确定位"热点区域"的位置。

map标签为图像地图的起始标签，说明<map>至</map>标签之间的内容均属于图像地图部分，且map还拥有name属性，可以给这个图像地图起一个名字，以便利用这个名字找出其中各个区域及其对应的URL地址。

一个<area>就代表了一个"热点区域"，它拥有如下几个重要属性。

- shape指明区域的形状，如rect（矩形）、circle（圆形）和poly（多边形）。而coords指明各区域的坐标，表示方式随shape值而有所不同。
- href为热点区域链接的URL地址。
- target为目标。
- alt为替换文本。

Section 04 锚点链接

通过创建命名锚记，可链接到文档的特定部分。命名锚记可以在文档中设置标签，这些标签通常放在文档的特定主题处或顶部。然后可以创建到这些命名锚记的链接，这些链接可快速转到浏览者指定的位置。

01 关于锚点

锚点链接是指链接到同一页面中不同位置的链接。例如，在一个很长的页面底部设置一个锚点，单击后可以跳转到页面顶部，这样就避免了上下滚动的麻烦，可以通过链接更快速地浏览具体内容。创建锚点的具体操作方法如下。

Step 01 将插入点置于要创建锚点的位置，执行"插入>命名锚记"命令，在弹出的"命名锚记"对话框中输入锚记名称，如下左图所示。

Step 02 完成输入锚记名称后，单击"确定"按钮，在网页文档中插入命名锚记，如下右图所示。

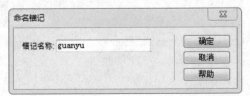

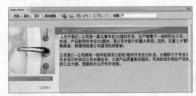

02 制作锚点链接

在网页文档中制作链接锚点的具体操作步骤如下。

Step 01 在编辑窗口中插入并选中要链接到的锚点文字或其他对象。

Step 02 在"属性"面板的"链接"文本框中输入"#jianjie",如右图所示。

链接到其他文件的锚点如果要链接的目标锚点位于其他文件中,需要输入该文件的URL地址和名称,然后输入"#",再输入锚点名称。

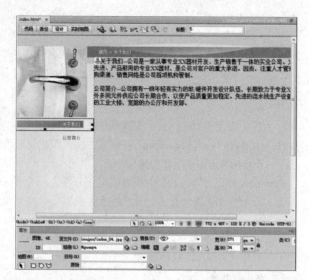

知识链接　　锚点链接标签

HTML中可以使用<a>标签创建锚点代码如下所示。
其中第1行代码表示创建一个锚点,第2行代码表示链接到锚点。
01 <a name="guanyu"></a></a>
02 <a href="#guanyu"><img src="images/index_04.jpg"></a>

03 创建E-mail链接

电子邮件地址作为超链接的链接目标,与其他链接目标不同,当用户在浏览器中单击指向电子邮件地址的超链接时,将会打开默认邮件管理器的新邮件窗口,其中会提示用户输入消息并将其传送到指定的地址。

Step 01 打开网页文档,将插入点置于要创建E-mail链接的位置。然后执行"插入>电子邮件链接"命令,弹出"电子邮件链接"对话框,如下左图所示。

Step 02 在"文本"文本框中输入"联系我们",在"电子邮件"文本框中输入"lianxiwomen@163.com",如下右图所示。

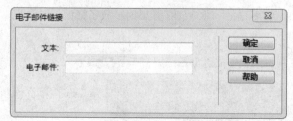

Step 03 输入完成后，单击"确定"按钮即可创建电子邮件链接，如下左图所示。

Step 04 保存文档，按F12键在浏览器中预览。单击"联系我们"文本链接将会弹出"新邮件"窗口，如下右图所示。

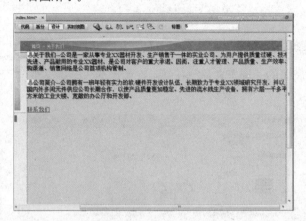 

知识链接　E-mail链接标签

下面是一个E-mail链接实例的HTML代码。

`<a href="mailto:lianxiwomen@163.com">联系我们</a>`

只需使href等于"mailto:邮件地址"即可。其中mailto表示E-mail链接的邮箱地址；subject为可选项，表示E-mail链接的主题。

04　创建脚本链接

脚本链接用于执行JavaScript代码或调用JavaScript函数。该功能非常有用，能够在不离开当前网页的情况下为浏览者提供有关某项的附加信息。脚本链接还可用于在浏览者单击特定项时，执行计算、表单验证和其他处理任务。下面利用脚本链接创建关闭网页的效果。

Step 01 打开要创建脚本链接的网页文档，在该文档中输入"退出"后再选中该文本，如右图所示。

Step 02 在"属性"面板的"链接"文本框中输入"javascript:window.close()"，该脚本表示可以将窗口退出，如下图所示。

Step 03 执行"文件>保存"命令，按F12键在浏览器中预览。单击"退出"文本链接，将会自动弹出一个提示对话框，询问是否关闭窗口，单击"是"按钮，即可退出窗口。

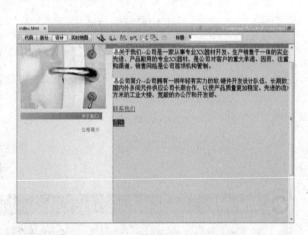

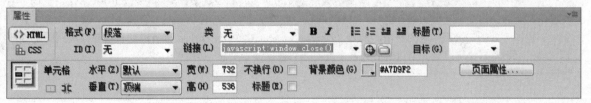

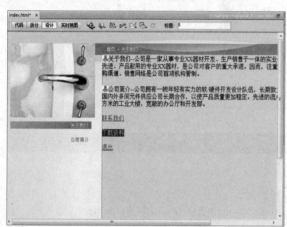 设计师训练营 **创建下载文件链接**

如果要在网站中提供下载资料，就需要为文件提供下载链接。如果超级链接指向的不是一个网页文件而是其他文件，例如zip、mp3、exe文件等，单击该链接的时候就会下载文件。

Step 01 启动Dreamweaver，打开原始网页文档，选中其中的"下载资料"文本，如下左图所示。

Step 02 打开"属性"面板，单击"链接"文本框后面的"浏览文件"按钮，在弹出的"选择文件"对话框中选择相应的文件，如下右图所示。

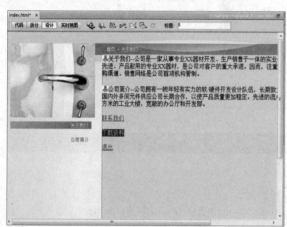
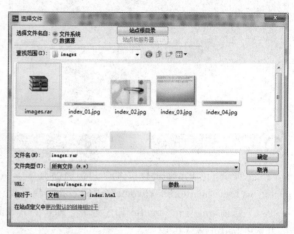

Step 03 单击"确定"按钮。在"属性"面板的"目标"下拉列表中选择_blank项。

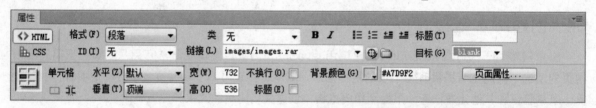

Step 04 保存文件，按F12键在浏览器中预览。单击"下载资料"文本链接弹出"下载文件"对话框，提示打开或保存文件。

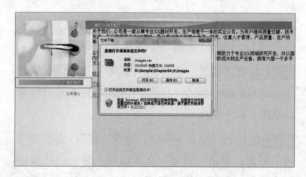

 知识链接　为超链接添加提示性文字

很多情况下，超级链接的文字不足以描述所要链接的内容，超级链接标签<a>提供了title属性，能很方便地给浏览者做出提示。title属性的值即为提示内容，当浏览者的光标停留在超级链接上时，提示内容才会出现，这样不会影响页面排版的整洁。例如:<a href="www.baidu.com" title="读者你好，现在你看到的是提示文字，单击本链接可以新开窗口跳转到百度页面。">进入搜索页面</a>

1. 选择题

（1）下列不属于创建文本链接方法的是（　　）。

　　A. 链接文本框　　　　　　　　　　　　B. 浏览文件按钮

　　C. 指向文件按钮　　　　　　　　　　　　D. 更新链接

（2）下列不属于链接文档打开的框架的类型的是（　　）。

　　A. _blank　　　　　B. _parent　　　　　C. _front　　　　　D. _self

（3）（　　）是 Dreamweaver CS6 中一类特殊的超链接，单击链接不是跳转到相应的网页上，而是
允许书写电子邮件。

　　A. 锚链接　　　　　B.E-mail 链接　　　　　C. 下载链接　　　　　D. 脚本链接

2. 填空题

（1）链接是指在电子计算机程序的各模块之间_____和_____，并把它们组成一个可执
行的整体的过程。

（2）超链接的链接路径可以分为_____、根目录相对路径和_____。

（3）根相对路径是相对路径和绝对路径的折中，是指从_____到被链接文档经由的路径。

（4）管理链接包括_____和_____。

3. 上机题

请使用已经学过的图像知识在网页中创建E-mail图像热点链接。

操作提示

① 打开网页文档，选中要添加图像热点链接的图像文件。

② 执行"窗口>属性"命令，打开"属性"面板，在"属性"面板中选择矩形热点工具。将光
标置于图像上，在图像上绘制图像热点区域。

③ 在"属性"面板中输入E-mail链接。

④ 按F12键，在浏览器预览最终效果即可。

Chapter

04

使用表格布局网页

Dreamweaver CS6提供了强大的表格编辑功能，利用表格可以实现不同的布局方式。本章首先讲述插入表格、设置表格属性、选择表格以及编辑表格和单元格，使读者对表格有一个基本的了解，接着通过几个基本实例详细讲述了表格布局网页的应用，以便读者全面掌握运用表格布局网页的方法。

重点难点

- 了解表格的基本知识
- 掌握网页中插入表格的方式
- 掌握表格属性的设置方法
- 掌握表格的编辑技巧
- 熟悉利用表格定位方式

Section 01 表格的基本知识

表格是用于在页面上显示表格式数据，以及对文本和图形进行布局的强而有力的工具。Dreamweaver CS6提供了两种查看和操作表格的方式：在"标准"模式中，表格显示为行和列的网格，而"布局"模式则允许将表格用作基础结构的同时，在页面上绘制、调整方框的大小以及移动方框。

01 与表格相关的术语

在开始制作表格之前，先对表格的各部分名称作简单的介绍。

- 行/列：一张表格横向叫行，纵向叫列。
- 单元格：行列交叉部分就叫做单元格。
- 边距：单元格中的内容和边框之间的距离叫边距。
- 间距：单元格和单元格之间的距离叫间距。
- 边框：整张表格的边缘叫做边框。

02 插入表格

表格由一行或多行组成，每行又由一个或多个单元格组成。在Dreamweaver中允许插入列、行和单元格，还可以在单元格内添加文字、图像和多媒体等网页元素。插入表格的具体操作步骤如下。

Step 01 打开网页文档，将插入点放置在插入表格的位置，如下左图所示。

Step 02 执行"插入>表格"命令，弹出"表格"对话框，如下右图所示。

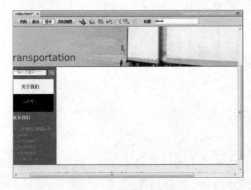

Step 03 在对话框中将"行数"设置为6，"列数"设置为4，"表格宽度"设置为700，单击"确定"按钮，插入表格，如右图所示。

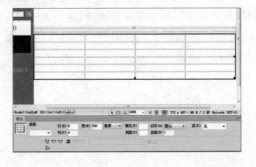

- 行数、列：在文本框中输入表格的行、列数。
- 表格宽度：用于设置表格的宽度。右侧的下拉列表中包含百分比和像素。
- 边框粗细：用于设置表格边框的宽度。如果设置为0，浏览时则看不到表格的边框。
- 单元格边距：单元格内容和单元格边界之间的像素数。
- 单元格间距：单元格之间的像素数。
- 标题样式：可以定义表头样式，四种样式可以任选一种。

03 表格的基本代码

在HTML语言中，表格涉及到多种标签，下面就一一进行介绍。

- <table>元素：用来定义一个表格。每一个表格只有一对<table>和</table>。一个网页中可以有多个表格。
- <tr>元素：用来定义表格的行。一对<tr>和</tr>代表一行。一个表格中可以有多个行，所以<tr>和</tr>也可以在<table>和</table>中出现多次。
- <td>元素：用来定义表格中的单元格。一对<td>和</td>代表一个单元格。每行中可以出现多个单元格，即<tr>和</tr>之间可以存在多个<td>和</td>。在<td>和</td>之间，将显示表格每一个单元格中的具体内容。
- <th>元素：用来定义表格的表头。一对<th>和</th>代表一个表头。表头是一种特殊的单元格，在其中添加的文本，默认为居中并加粗（实际中并不常用）。

上面讲到的四个表格元素在使用时一定要配对出现，既要有开始标签，也要有结束标签。缺少其中任何一个，都将无法得到正确的结果。

表格基本结构的代码如下所示。

```
<table border="1">
<tr>
<td>第1行</td>
</tr>
<tr>
<td>第2行</td>
</tr>
</table>
```

上面的代码表示一个2行1列的表格，在每个行<tr>内，有一个表格<td>，在第1行的单元格内显示"第1行"文字，在第2行的单元格内显示"第2行"文字。

通常情况下，表格需要一个标题来说明它的内容。通常浏览器都提供了一个表格标题标签，在<table>标签后立即加入<caption>标签及其内容，但是<caption>标签也可以放在表格和行标签之间的任何地方。标题可以包括任何主体内容，这一点很像表格中的单元格。

Section 02 表格属性

为了使创建的表格更加美观、醒目，需要对表格的属性，如表格的颜色或单元格的背景图像、颜色等进行设置。

01 设置表格的属性

要设置整个表格的属性，首先要选定整个表格，然后利用"属性"面板指定表格的属性，具体操作如：选中插入的表格，打开"属性"面板，在"属性"面板中将"填充"设置为2，"间距"设置为2，"边框"设置为1，"对齐"设置为"居中对齐"，如下图所示。

表格属性面板中各个选项的含义如下。

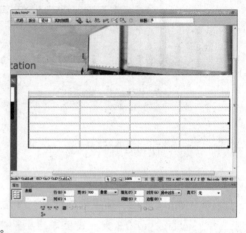

- 表格：输入表格的名称。
- 行和列：输入表格行和列的数量。
- 对齐：设置表格的对齐方式。包含"默认""左对齐""居中对齐"和"右对齐"四个选项。
- 填充：单元格内容和单元格边界之间的像素数。
- 间距：相邻的表格单元格间的像素数。
- 边框：表格边框的宽度。
- 类：对该表格设置一个CSS类。
- 清除列宽：用于清除列宽。
- 将表格宽度转换成像素：将表格宽由百分比转为像素。
- 将表格宽度转换成百分比：将表格宽由像素转换为百分比。
- 清除行高：用于清除行高。

02 设置单元格属性

选中某单元格，在"属性"面板中将显示该单元格的属性。单元格"属性"面板如下图所示，其中各选项说明如下。

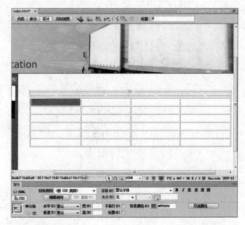

- 水平：设置单元格中对象的水平对齐方式，其下拉列表中包含"默认""左对齐""居中对齐"和"右对齐"四个选项。
- 垂直：设置单元格中对象的垂直对齐方式，包含"默认""顶端""居中""底部"和"基线"五个选项。
- 宽与高：用于设置单元格的宽与高。
- 不换行：表示单元格的宽度将随文字长度的增加而加长。
- 标题：将当前单元格设置为标题行。
- 背景：用于设置表格的背景图像。

03 改变背景颜色

使用onmouseout、onmouseover可以创建鼠标经过时颜色改变效果，具体制作步骤如下。

Step 01 打开网页文档，选中表格第1行的所有单元格，在"属性"面板中设置单元格的"背景颜色"为#FF0000，如下左图所示。

Step 02 在代码视图中修改<td>代码为以下代码。修改代码后当光标移到单元格时改变背景颜色，如下右图所示。

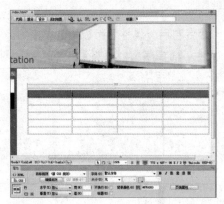 

04 表格的属性代码

表格具有如下属性代码。

- width属性用于指定表格或某一个表格单元格的宽度，单位可以是像素或百分比。假设将表格的宽度设为200像素，在该表格标签中加入宽度的属性和值即可，具体代码如下。

<table width="200" >

- height属性用于指定表格或某一个表格单元格的高度，单位可以是像素或百分比。假设将表格的高度设为50像素，在该表格标签中加入高度的属性和值即可，具体代码如下。

<table height="50" >

假设将某个单元格的高度设为所在表格的30%，则在该单元格标签中加入高度的属性和值即可，具体代码如下。

<td height="30%">

- border属性用于设置表格的边框及边框的粗细。值为0代表不显示边框；值为1或以上代表显示边框，且值越大，边框越粗。
- bordercolor属性用于指定表格或某一个表格单元格边框的颜色。值为#号加上6位十六进制代码。假设将某个表格边框的颜色设为黑色，则具体代码如下。

<table bordercolor="#000000">

- bordercolorlight属性用于指定表格亮边边框的颜色。假设将某个表格亮边边框的颜色设为绿色，则具体代码如下。

<table bordercololightr="#00ff00">

- bordercolordark属性用于指定表格暗边边框的颜色。假设将某个表格暗边边框的颜色设为蓝色，则具体代码如下。

<table bordercolordark="#0000ff">

- bgcolor属性用于指定表格或某一个表格单元格的背景颜色。假设将某个单元格的背景颜色设为红色，则具体代码如下。

  `<td bgcolor="#FF0000">`

- background属性用于指定表格或某一个表格单元格的背景图像。假设将images文件夹下名称为tu1.jpg的图像设为某个与images文件夹同级的网页中表格的背景图像，则具体代码如下。

  `<table background="images/tu1.jpg">`

- cellspacing属性用于指定单元格间距，即单元格和单元格之间的距离。假设将某个表格的单元格间距设为5，则具体代码如下。

  `<table cellspacing="5">`

- cellpadding属性用于指定单元格边距（或填充），即单元格边框和单元格中内容之间的距离。假设将某个表格的单元格边距设为10，则具体代码如下。

  `<table cellpadding="10">`

- align属性用于指定表格或某一表格单元格中内容的垂直水平对齐方式。属性值有left（左对齐）、center（居中对齐）和right（右对齐）。假设将某个单元格中的内容设定为"居中对齐"，则具体代码如下。

  `<td align="center">`

- valign属性用于指定单元格中内容的垂直对齐方式。属性值有top（顶端对齐）、middle（居中对齐）、bottom（底部对齐）和baseline（基线对齐）。假设将某个单元格中的内容设定为"顶端对齐"，则具体代码如下。

  `<td valign="top">`

Section 03 选择表格

可以一次选择整个表、行或列，也可以选择一个或多个单独的单元格。当光标移动到表格、行、列或单元格上时，Dreamweaver将高亮显示选择区域中的所有单元格，以便确切了解选中了哪些单元格。当表格没有边框、单元格跨多列或多行或者表格嵌套时，这一功能非常有用。可以在首选参数中更改高亮颜色。

01 选择整个表格

要想对表格进行编辑，首先需要选中它，选择整个表格有以下几种方法可以实现。

方法1：打开网页文档，将插入点置于要插入表格的位置，在文档中插入表格。单击表格中任意一个单元格的边框线选择整个表格，如右图所示。

方法2：在代码视图下，找到表格代码区域，拖选整个表格代码区域（<table>和</table>标签之间代码区域），如下左图所示。

方法3：单击表格中任一处，执行"修改>表格>选择表格"命令，选择整个表格，如下右图所示。

方法4：将插入点定位在表格中，单击文档窗口底部的<table>标签，选择整个表格，如下左图所示。

方法5：右击单元格，从弹出的快捷菜单中执行"表格>选择表格"命令选取整个表格，如下右图所示。

 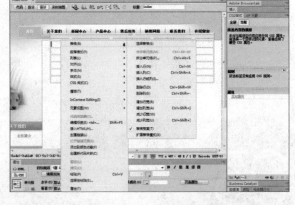

方法6：将光标移动到表格边框的附近区域，单击即可选中，如右图所示。

02 选择一个单元格

表格中的某个单元格被选中时，该单元格的四周将出现边框。选择一个单元格可通过以下方法实现。

方法1：按住鼠标左键不放，从单元格的左上角拖至右下角，可以选择一个单元格，如下左图所示。

方法2：按住Ctrl键，然后单击单元格可以选中一个单元格，如下右图所示。

方法3：将插入点放置在要选择的单元格内，单击文档窗口底部的<td>标签，可以选择一个单元格，如下左图所示。

方法4：将插入点放置在一个单元格内，按快捷键Ctrl+A可以选择该单元格，如下右图所示。

Section 04 编辑表格

在网页中，表格用于网页内容的排版，如要将文字放在页面的某个位置，就可以使用表格，并将其设置为表格的属性。使用表格可以清晰地显示列表数据，从而更容易阅读信息。还可以通过设置表格及表格单元格的属性或将预先设置的设计应用于表格来更改表格的外观。在设置表格和单元格的属性前，注意格式设置的优先顺序为单元格、行和表格。

01 复制和粘贴表格

可以一次复制、粘贴单个单元格或多个单元格，并保留单元格的格式设置，也可以在插入点或现有表格中所选部分粘贴单元格。若要粘贴多个表格单元格，剪贴板的内容必须和表格的结构或表格中将粘贴这些单元格的部分兼容，具体操作步骤如下。

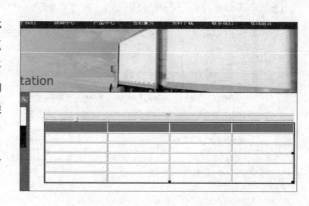

Step 01 打开网页文档，选中要复制的表格，如右图所示。

Step 02 执行"编辑>拷贝"命令。也可以使用快捷键Ctrl+C达到同样效果，如右图所示。

Step 03 将插入点放在表格要粘贴的位置，执行"编辑>粘贴"命令。或者使用快捷键Ctrl+V也能实现粘贴，如下左图所示。

Step 04 粘贴表格后的效果如下右图所示。

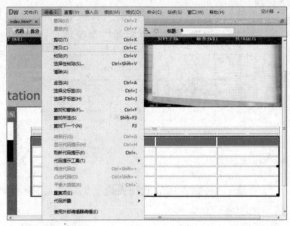

02 添加行和列

执行"修改>表格>插入行"命令，可以添加行；执行"修改>表格>插入列"命令，可以添加列，具体操作步骤如下。

Step 01 打开网页文档，将插入点放置在需增加行或列的位置，如下左图所示。

Step 02 执行"修改>表格>插入行"命令，插入1行表格，如下右图所示。

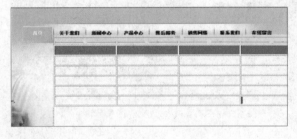

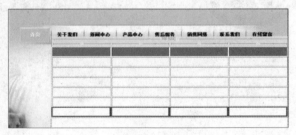

Step 03 执行"修改>表格>插入列"命令，插入1列表格的效果，如下左图所示。

Step 04 也可以执行"修改>表格>插入行或列"命令，在弹出的"插入行或列"对话框中进行设置，如下右图所示。

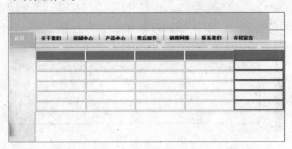

03 删除行和列

执行"修改>表格>删除行"命令，可以删除行；执行"修改>表格>删除列"命令，可以删除列。删除行、列的具体操作步骤如下。

Step 01 打开网页文档，将插入点放在要删除行的位置，如下左图所示。

Step 02 执行"修改>表格>删除行"命令，即可删除一行表格，如下右图所示。

Step 03 将插入点放置在要删除列的位置，执行"修改>表格>删除列"命令，如下左图所示。

Step 04 删除表格行、列后的效果如下右图所示。

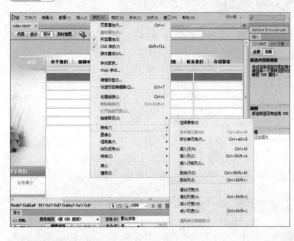 

专家技巧 巧妙设置表格宽度的单位

设置表格宽度的单位有百分比和像素这两种。如果当前打开的窗口宽度为300像素，表格宽度为80%时，实际宽度为浏览器窗口宽度的80%，即为240像素。如果浏览器窗口的宽度为600像素，同样的方法可以计算出表格的实际宽度为480像素。由此可知，将表格的宽度用百分比来指定时，随着浏览器窗口宽度的变化，表格的宽度也会发生变化。与此相反，如果用像素来指定表格宽度，则与浏览器窗口的宽度无关，总会显示为一定的宽度。因此，缩小窗口的宽度时，有时会出现看不到表格全部的情况。

04 利用嵌套表格定位网页

利用表格对网页元素进行定位是网页排版最基本的方法，它以简洁明了、高效快捷的方式，将数据、文本、图像和表单等元素有序地排列在页面上，从而设计出版式漂亮的网页。

设计网页时，可以先使用较大的表格设置出网页的基本版面，然后再通过嵌套表格对网页细节进行设计，这是最传统的网页布局手段。在这个过程中，需要用到表格的"属性"面板。若还需要在页面上进行图文混排，可利用表格来进行规划设计，在不同的单元格中放置文本和图片，再对相应的表格属性进行适当的设置，就能够很容易地设计出美观整齐的页面，如下图所示。

设计师训练营 单元格的合并与拆分

只要选择的单元格形成一行或一个矩形，便可以合并任意数目的相邻单元格，以生成一个跨多个列或行的单元格。合并单元格的具体操作步骤如下。

Step 01 打开网页文档，选中要合并的单元格，执行"修改>表格>合并单元格"命令，如下左图所示。

Step 02 执行命令后即将选中的所有单元格合并为一个单元格，如下右图所示。

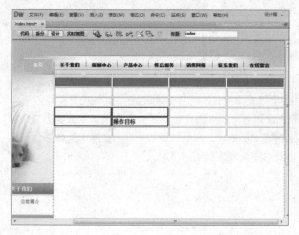 

选择要合并的单元格，单击鼠标右键，在弹出的快捷菜单中执行"表格>合并单元格"命令，即可合并单元格。

用户可以将单元格拆分成任意数目的行或列，而不管之前它是否是合并的。拆分单元格的具体操作步骤如下。

Step 01 打开网页文档，将插入点放置在要拆分的单元格内，执行"修改>表格>拆分单元格"命令，如下左图所示。

Step 02 弹出"拆分单元格"对话框，在该对话框中设置"把单元格拆分"为行或列，如下右图所示。

Step 03 设置完以后，单击"确定"按钮，即可将单元格拆分，如下左图所示。

Step 04 将插入点放置在拆分的单元格中，单击鼠标右键，在弹出的快捷菜单中执行"表格>拆分单元格"命令，也可将单元格拆分，如下右图所示。

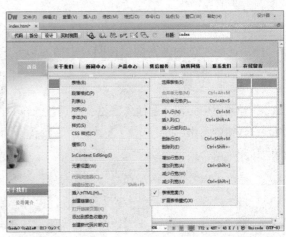

1. 选择题

（1）在 Dreamweaver CS6 中，选择菜单栏中的"插入 > 表格"命令，打开"插入表格"对话框，不可以设置的表格参数是（   ）。

    A. 水平行数目　　　　　　　　　　　　　B. 垂直行数目

    C. 每个单元格的宽度　　　　　　　　　　D. 表格的预设宽度

（2）在 Deamweaver 中，下面关于拆分单元格说法错误的是（   ）。

    A. 将光标定位在要拆分的单元格中，在"属性"面板中单击按钮

    B. 将光标定位在要拆分的单元格中，在拆分单元格中选中行，表示水平拆分单元格

    C. 将光标定位在要拆分的单元格中，选择列，表示垂直拆分单元格

    D. 拆分单元格只能是将一个单元格拆分成两个

（3）关于框架集，以下法说正确的是（   ）。

    A. 使用预定义的框架集设置框架，各框架没有名称

    B. 使用预定义的框架集就不能再使用鼠标拖曳边框方法再分割框架

    C. 执行"查看 > 可视化助理 > 框架边框"命令用于鼠标拖曳边框分割框架

    D. 使用框架面板只能快速选择一个框架

2. 填空题

（1）框架网页是一种特殊的 HTML 网页，框架由_____和_____两部分组成。

（2）DIV 标签只是一个标识，作用是把内容标识成一个_____。

（3）AP DIV 是一种页面元素，AP DIV 是指存放在 DIV 和 SPAN 标记描述的 HTML 内容的_____，用来控制浏览器窗口中_____。

（4）当 AP DIV 的内容超过 AP DIV 的大小时，AP DIV 会自动向右或向下扩展以适应 AP DIV 的内容时应该选择_____。

3. 上机题

使用已经学过的表格知识在网页中插入彩色表格。

操作提示

① 在网页中相应位置插入表格，并调整表格的大小。

② 在表格中输入文字。

③ 选择需要设置颜色的单元，在属性窗口中选择"背景颜色"。

④ 按下 F12 键，即可在浏览器中预览最终效果。

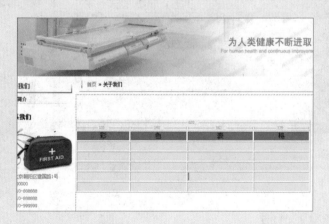

Chapter

05

创建框架网页

　　框架的作用是将网页分割为多个页面，它将一个页面分成几个部分，其中每个部分都是独立的；而在浏览器中显示时，则显示为一个完整的页面。每个框架都包含一个页面，由这些页面组成了框架页面。

重点难点

- 网页中创建框架的方式
- 网页中框架的基本操作
- 网页中框架和框架集的设置
- 常见框架结构的创建

Section 01 创建框架集和框架

框架是浏览器窗口中的一个区域，它可以显示与浏览器窗口的其余部分中所显示内容无关的HTML文档。框架集是HTML文件，它定义一组框架的布局和属性，包括框架的数目、大小和位置以及在每个框架中初始显示页面的URL。

通过使用框架，可以在同一个浏览器窗口中显示多个页面。每个HTML文档称为一个框架，并且每个框架都独立于其他的框架。

当一个页面被划分为若干个框架时，Dreamweaver将建立一个未命名的框架集文件，同时为每个框架建立一个文档文件。也就是说，一个包含有两个框架的网页实际上是由三个文件组成的：框架集文件和两个包含在框架中显示的内容的文件。使用框架集设计网页时，为了使其能在浏览器中正常工作，必须对所有页面都进行保存。

01 创建嵌套框架集

在另一个框架集之内的框架集称作嵌套的框架集，一个框架集文件可以包含多个嵌套的框架集。大多数使用框架的网页实际上都使用嵌套的框架，在Dreamweaver中大多数预定义的框架集也使用嵌套。如果在一组框架里，不同行或不同列中有不同数目的框架，则要求使用嵌套的框架集。

创建嵌套框架集的具体操作步骤如下。

Step 01 打开需要建立框架的网页，将光标放置在相应位置，执行"修改>框架集>拆分上框架"命令，如下左图所示。

Step 02 执行"拆分上框架"命令后，在文档窗口中可以看到嵌套框架效果，如下右图所示。

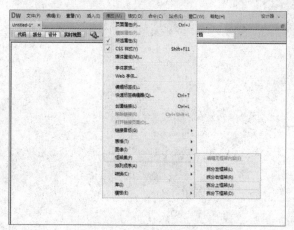
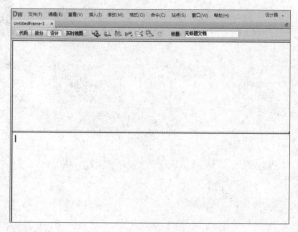

Step 03 将光标放置在框架的边缘处，当光标变成拖曳图标时，按住鼠标左键拖动到合适位置，如下左图所示。

Step 04 执行"拆分左框架"命令后，并将光标放置在框架的边缘，当光标变为拖曳图标时，按住鼠标左键拖动到合适位置，如下右图所示。

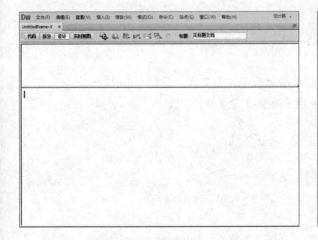

02 手动设计框架集

手动设计框架集有更大的自由度，可以任意控制拆分的方式、高度与宽度。打开框架网页，选中框架，将光标放置在框架的边缘，当光标变成如右图所示的拖曳图标时，按住鼠标拖动即可。

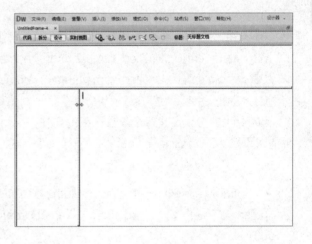

框架结构具有如下优点：

- 有统一风格。一个网站的众多网页最好都有相同的地方，以做到风格的统一。可以把这个相同的部分单独做成一个页面，作为框架结构中一个框体的内容以供整个站点公用，通过这种方法来达到网站整体风格的统一。
- 便于修改。一般来说，每过几个月或几星期，网站的设计就要做一些更改。可以把每页都要用到的公共内容制作成单独的网页，并作为框架结构中一个框体的内容提供给整个站点公用，每次修改时，只需修改这个公共网页，就能完成整个网站的设计更改。
- 方便浏览。一般公用框体的内容都做成网站各主要栏目的链接，当浏览器的滚动条滚动时，这些链接不随滚动条的滚动而上下移动，而是一直固定在浏览器窗口的某个位置，使浏览者能随时单击跳转到另一页面。

同时，框架结构也包含以下缺点：

- 早期的浏览器和一些特定的浏览器不支持框架结构，但目前使用的绝大多数浏览器都支持，这点用户不必太担心。
- 使用了框架结构的页面会影响网页的浏览速度。
- 难以实现不同框架中各页面元素的精确对齐。

03 框架中的HTML代码

框架页面的结构是在框架集中设置的，可以分为水平分割窗口、垂直分割窗口和嵌套分割窗口。下面具体分析框架中的HTML代码。

1. 整体框架集

01<frameset rows="113,375" frameborder="0" framespacing="0" cols="*">
02</frameset>

frameset表示框架集；cols表示将框架垂直分割，rows表示将框架水平分割；frameborder="0"表示将边框设置为隐藏状态；framespacing="0"表示将边框宽度设置为0。

2. 上下框架

01 <frameset rows="28,*" frameborder="no" border="0" framespacing="0">
02 <frame src="top.html">
03 <frame src="http://www.baidu.com" name="mainFrame" scrolling="auto">
04 </frameset>

Rows表示水平分割框架，这里水平分割了一个上下框架的网页；name="mainFrame"表示框架的名称；scrolling="auto"表示根据具体内容来决定是否显示滚动条。

3.左右框架

01 <frameset cols="*,150" frameborder="0" border="0" framespacing="0">
02 <frame src="UntitledFrame-3.html" name="rightFrame" scrolling="no">
03 <frame src="UntitledFrame-5.html" name="leftFrame" scrolling="no">
04 </frameset>

在frame中可以定义每个单独框架的属性；name="rightFrame"定义右框架的名称；src定义框架的网页地址；scrolling="no"表示不显示滚动条。

4. 网页内嵌框架

01 <iframe align=middle marginWidth=0 vspace=-0 marginHeight=0
02 src="http://www.baidu.com" frameBorder=no width=400 height=300>
03</iframe>

浮动框架是一种较为特殊的框架，它是在浏览器窗口中嵌套的子窗口，整个页面并不一定是框架页面，但包含一个框架窗口。浮动框架中最基本属性就是src，它用来指定浮动框架页面的源文件地址；width和height用来设置浮动框架的宽度和高度。

Section 02

框架的基本操作

框架创建完成后，还需对其进行一些调整，如选择框架、设置属性和链接网页等。对框架及框架集可进行选择、删除等操作。本节讲述选择框架和框架集、删除框架以及保存框架和框架集的具体操作方法。

01 选择框架和框架集

在网页中当光标靠近框架集的边框且出现上下箭头时，单击鼠标左键可以选择整个框架集。选择框架和框架集的其他方法如下。

方法1：按住快捷键Shift+Alt单击欲选择的框架，在所选择的框架边框内侧出现虚线，即表示已选中该框架，如下左图所示。

方法2：执行"窗口>框架"命令，打开"框架"面板。在面板中单击欲选择的框架，此时所选框架边框内侧出现虚线，如下右图所示。

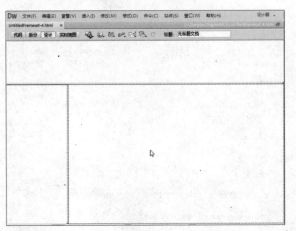
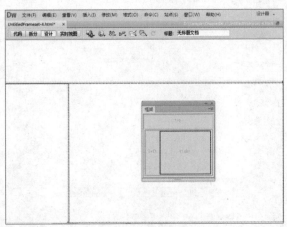

方法3：在文档窗口中，当光标靠近框架集的边框且出现上下箭头时，单击鼠标左键，即可选择整个框架集，如下左图所示。

方法4：执行"窗口>框架"命令，打开"框架"面板。在面板中单击框架集的边框选择整个框架集，此时框架集的边框变为虚线，如下右图所示。

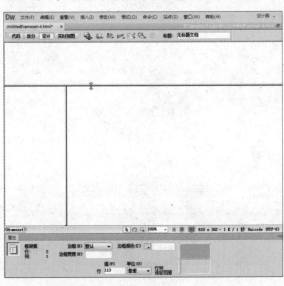
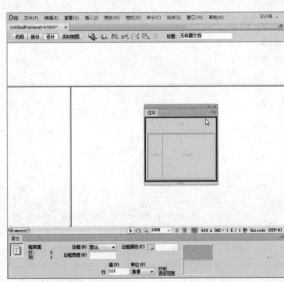

02　保存框架和框架集

在浏览器中预览框架集前，必须保存框架集文件以及要在框架中显示的所有文档。实际上，当用户创建框架时就已经存在框架集与框架文件了，默认的框架集名称是UntitleFrame-1、Untitle-Frame-2等，默认的框架文件名称是Untitle-1、Untitle-2等。但这样的名称并不是用户所需要的，所以在保存框架集或框架文件时要对它们所对应的文件重新命名，具体操作步骤如下。

Step 01 打开框架网页，执行"文件>保存全部"命令，弹出"另存为"对话框，将整个框架集命名为index.html，单击"保存"按钮，如下左图所示。

Step 02 将插入点置于右边框架中，执行"文件>保存框架"命令，弹出"另存为"对话框，将文件命名为right.html，保存右边的框架，如下右图所示。

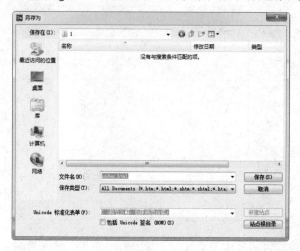 

Step 03 将插入点置于左边框架中，执行"文件>保存框架"命令，弹出"另存为"对话框，将文件命名为left.html，单击"保存"按钮，保存左边的框架，如下左图所示。

Step 04 将插入点置于顶部框架中，执行"文件>保存框架"命令，弹出"另存为"对话框，将文件命名为top.html，单击"保存"按钮，即可保存顶部的框架，如下右图所示。

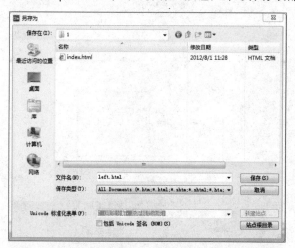 

03 删除框架

要删除一个框架，首先将光标放置在创建好的框架上，当光标变为上下箭头形状时，拖曳框架至边框上。若页面中有多个框架，可将其拖到父框架的边框。具体操作步骤如下。

打开要删除的框架网页，将光标放置在框架的边框上，拖曳框架边框到父框架边框上，或拖曳到编辑窗口的边缘，如下图所示。

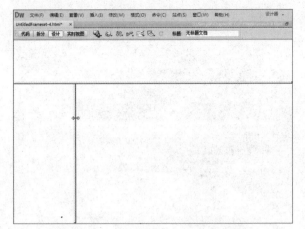
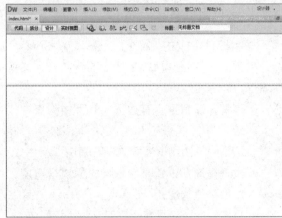

Section 03 设置框架和框架集属性

框架和框架集都有自己的属性面板，在其中可以非常方便地控制两者的属性，框架的属性包括框架名称、源文件、边框、尺寸和滚动条等。框架集的属性包括框架面积、框架边界颜色和距离等。

01 设置框架属性

框架"属性"面板中各选项的含义说明如下。

- 框架名称：用来作为链接指向的目标。
- 源文件：确定框架的源文档，可以直接输入名字，或单击文本框右侧的"浏览文件"按钮查找并选取文件。也可以通过将插入点放在框架内，然后执行菜单栏中的"文件>在框架中打开"命令来打开文件。
- 滚动：确定当框架内的内容显示不下时是否出现滚动条。其下拉列表中的选项包括"是""否""自动"和"默认"。
- 不能调整大小：限定框架尺寸，防止用户拖动框架边框。
- 边框：用来控制当前框架边框。其下拉列表中的选项包括"是""否"和"默认"。
- 边框颜色：设置与当前框架相邻的所有框架的边框颜色。
- 边界宽度：设置框架边框和内容之间的左右边距，以像素为单位。
- 边界高度：设置框架边框和内容之间的上下边距，以像素为单位。

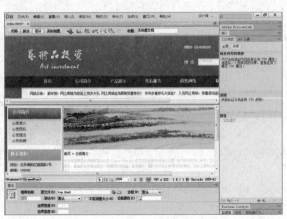

02 设置框架集属性

框架集有其自身的"属性"面板，如右图所示。

框架集"属性"面板中各选项参数的含义说明如下。

- 边框：设置是否有边框，其下拉列表中包含"是""否"和"默认"。选择"默认"，将由浏览器端的设置来决定。
- 边框宽度：设置整个框架集的边框宽度，以像素为单位。
- 边框颜色：设置整个框架集的边框颜色。
- 行或列："属性"面板中显示的行或列，由框架集的结构而定。
- 单位：行、列尺寸的单位，其下拉列表中包含"像素""百分比"和"相对"三个选项。

03 在框架中设置链接

要在一个框架中使用链接以打开另一个框架中的文档，必须设置链接目标。链接的target属性指定在其中打开链接内容的框架或窗口。在框架中设置链接的具体操作步骤如下。

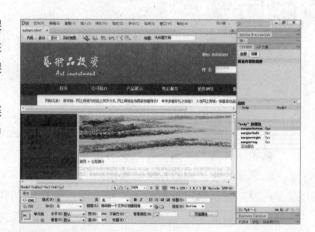

选中要链接的文字，在"属性"面板的"链接"文本框中添加链接，在"目标"下拉列表中选择bottom选项。如右图所示。

👤 **专家技巧** noframes代码

Dreamweaver允许指定在不支持框架且基于文本的浏览器和较旧的图形浏览器中显示内容。此类内容存储在框架集文件中，用noframes标签括起来。当不支持框架的浏览器加载该框架集文件时，浏览器只显示用noframes标签括起来的内容。

在框架网页中添加noframes代码如下所示。

```
01 <html>
02 <head>
03 <title>网页标题</title>
04 </head>
05 <noframes>在不支持框架的浏览器中显示的内容的HTML代码</noframes>
06 <frameset>
07 <frame src=" URL" >
```

08 </frameset>

09 </html>

代码解密：noframes代码

首先，<noframes>和</noframes>中的HTML代码内容显示在不支持框架的浏览器窗口中。

因为某些浏览者可能会由于某些合理的原因而不能浏览具有框架结构的网页，这时读者可以使用<noframes>标签，并且在其中加入一个普通版本的HTML文件，以便使用不支持框架浏览器的浏览者进行浏览和阅读。

其次，<frameset>和</frameset>表示一个框架集，其中的<frame>表示框架集中的一个框架；<frame>标签的src属性指定了该框架中要显示的网页文件的地址。

在另一个框架集之内的框架集称作嵌套的框架网页，一个框架集文件中可以包含多个嵌套的框架集，大多数使用框架的网页实际上都是使用嵌套的框架，并且在Dreamweaver中大多数预定义的框架集也使用嵌套。如果在一组框架中，不同行或不同列中有不同数目的框架，则需使用嵌套的框架集。

04 创建浮动框架网页

用户可以使用"标签选择器"将Dreamweaver标签库中的任何标签插入到页面中。这里通过插入iframe来讲述浮动框架的制作方法。添加浮动框架前后的对比效果如下图所示。

Step 01 打开网页文档，将插入点置于要插入浮动框架的位置，如右图所示。

Step 02 执行"插入>标签"命令，弹出"标签选择器"对话框，如下左图所示。

Step 03 在对话框中选择"HTML标签>页面元素>iframe"选项，如下右图所示。

Step 04 单击"插入"按钮，会弹出"标签编辑器-iframe"对话框，如下左图所示。

Step 05 单击"源"文本框右边的"浏览"按钮，弹出"选择文件"对话框，选择文件，如下右图所示。

Step 06 单击"确定"按钮，返回"标签编辑器"对话框。将"宽度"设置为747，"高度"设置为683，如下左图所示。

Step 07 单击"确定"按钮，关闭对话框，返回文档窗口，可以看到插入的iframe。最后保存文档，在浏览器中进行预览，如下右图所示。

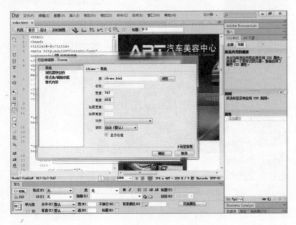 

设计师训练营 创建上下结构框架网页

　　下面将讲述上下结构框架网页的创建，该网页在页面布局上可以分成两大部分。第一部分在网页的上方，主要是网站的宣传。第二部分是网页的下方，主要展现页面内容。其具体操作过程介绍如下。

Step 01 执行"文件>新建"命令，弹出"新建文档"对话框，选择"HTML"，单击"创建"按钮，如下左图所示。

Step 02 执行"修改>框架集>拆分上框架"命令，创建一个上下结构的框架网页，如下右图所示。

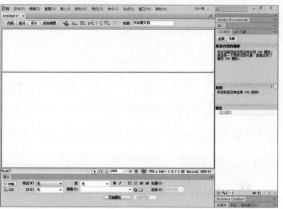

Step 03 执行"文件>保存全部"命令，弹出"另存为"对话框。整个框架集内侧出现虚线，将其命名为index.html，单击"保存"按钮，如下左图所示。

Step 04 将插入点置于顶部的框架中，执行"文件>保存框架"命令，弹出"另存为"对话框，将其命名为top.html，单击"保存"按钮，如下右图所示。

Step 05 将插入点置于下部框架中，执行"文件>保存框架"命令，弹出"另存为"对话框，将其命名为bottom.html，单击"保存"按钮，如下左图所示。

Step 06 将插入点置于顶部框架中，执行"修改>页面属性"命令，弹出"页面属性"对话框，设置页面属性。完成设置后单击"确定"按钮，如下右图所示。

Step 07 执行"插入>图像"命令，弹出"选择图像源文件"对话框，在对话框中选择相应的图像文件 index_01.jpg，如下左图所示。

Step 08 单击"确定"按钮，插入图像，如下右图所示。

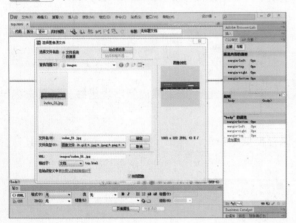

Step 09 将插入点置于底部的框架中，执行"修改>页面属性"命令，弹出"页面属性"对话框，在对话框中进行相应的设置，单击"确定"按钮，如下左图所示。

Step 10 将插入点置于底部的框架中，执行"插入>表格"命令，插入1行2列的表格1，将"表格宽度"设置为1003像素，如下右图所示。

Step 11 将插入点置于表格1的第1列中，设置单元格"宽"为258、"高"为425，并执行"插入>图像"命令，在弹出的"选择图像源文件"对话框中选择要插入的图像index_02.jpg，如下左图所示。

Step 12 将插入点置于表格1的第2列中，插入2行1列的表格2，设置表格属性，插入后效果如下右图所示。

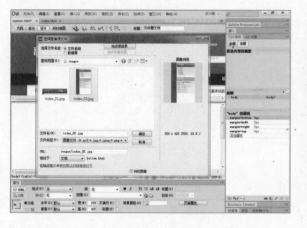 

Step 13 将插入点置于表格2的第1行单元格中，执行"插入>图像"命令，在弹出的"选择图像源文件"对话框中选择要插入的图像index_03.jpg，如下左图所示。

Step 14 将插入点置于表格2的第2行单元格中，执行"插入>图像"命令，在弹出的"选择图像源文件"对话框中选择要插入的图像index_04.jpg，如下右图所示。

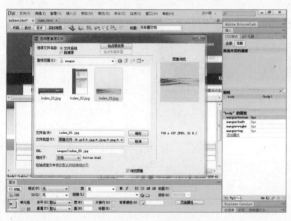 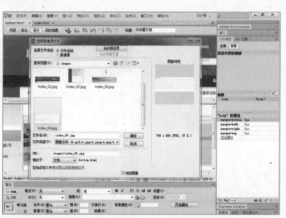

Step 15 选中框架，保存整个框架，按F12键在浏览器中预览，效果如右图所示。

专家技巧 框架空间分配技巧

　　为以百分比或者相对值指定大小的框架分配空间之前，需先为以像素为单位指定大小的框架分配空间。设置框架大小最常用的方法是将左侧框架设置为固定像素宽度，而将右侧框架大小设置为相对大小，这样在分配像素宽度后右侧框架就能够伸展，以占据所有的剩余空间。

课后练习

1. 选择题

（1）框架技术由（ ）组成。

    A. 框架和框架集   B. 框架和 Spry 框架   C. 框架集和 Spry 框架   D. 框架和无框架

（2）下列哪种方法不可以创建框架集（ ）。

    A. "更多" 按钮   B. 插入 >HTML> 框架

    C. "插入" 面板 > "布局" 选项卡   D. "插入" 面板 >Spry 选项卡

（3）要将选择转移到另一个框架，同时按住方向箭头和（ ）。

    A.Ctrl   B.Alt   C.Shift   D.Ctrl+Alt

2. 填空题

（1）在创建自定义框架集之前，首先确定是否打开_____。

（2）如果在一组框架里不同行或不同列中有不同数目的框架，则要求_____。

（3）Spry 主要由三部分组成：_____、_____和 Spry Effects。

（4）Spry 的优点主要包括保持开放、_____和_____。

3. 上机题

请使用已经学过的知识制作上方固定框架网页。

操作提示

① 创建一个上下结构的框架网页。

② 执行 "文件>保存全部" 命令，弹出 "另存为" 对话框。整个框架集内侧出现虚线，将其命名为index.html，单击 "保存" 按钮。

③ 将插入点置于顶部的框架中，执行 "文件>保存框架" 命令，弹出 "另存为" 对话框，将其命名为top.html，单击 "保存" 按钮。

④ 在顶部页面中插入相应内容。

⑤ 将插入点置于下部框架中，执行 "文件>保存框架" 命令，弹出 "另存为" 对话框，将其命名为bottom.html，单击 "保存" 按钮。

⑥ 在下部框架页面中插入相应内容。

⑦ 按F12键，在浏览器预览最终效果即可。

Chapter 06

使用 CSS 修饰美化网页

CSS是一种用于控制网页元素样式显示的一种标记性语言，是目前流行的网页设计技术。与传统使用HTML技术布局网页相比，CSS可以实现网页内容和网页外观相分离，同一个网页应用不同的CSS，会呈现不同的效果，极大地方便了网页设计人员。

重点难点
- CSS样式设置的方法
- 为网页添加外联样式表的方法
- 为网页添加内嵌样式表的方法
- 为网页添加CSS滤镜的方法

CSS 概述

CSS（Cascading Stylesheets，层叠样式表）是一种制作网页的技术，CSS能够对网页内容格式化，丰富了网页内容修饰、布局设计的手段。目前CSS已经为大多数浏览器所支持，成为网页设计不可缺少的工具之一。使用CSS能够简化网页的格式代码，加快下载显示速度，同时减少了需要上传的代码数量，减少重复劳动，这对于网站设计管理具有重要意义。

01 CSS的特点

W3C（The World Wide Web Consortium）把动态HTML（Dynamic HTML）分为三个部分来实现：脚本语言（如javascript、Vbscript等）、支持动态效果的浏览器（如IE）和CSS样式表。

如果仅使用HTML设计网页，网页不仅缺乏动感，而且在网页内容的布局上也十分困难。在网页设计过程中需要大量的测试，才能够很好地实现布局排版，这也是对于专业的设计人员耐心的一大考验。能否简化这项工作，在这种情况下，CSS样式表应运而生。它首先要做的是为网页上的元素精确定位，可以让网页设计者轻松的控制文字、图片，将它们放在需要的位置。其次，CSS将网页内容和网页格式控制相分离。内容结构和格式控制相分离，使得网页可以只包含内容构成，而将所有网页的格式控制指向某个CSS样式表文件，这样不仅简化了网页的格式代码，外部的样式表会被浏览器保存在BUFFER中，加快了下载显示的速度，也减少了需要上传的代码数量（只需下载或上传一次），同时在改变网站的格式时，只要修改保存的CSS样式表就可以改变整个站点的风格，在网站页面数量庞大时，这点显得特别有用。

02 CSS的定义

一般来说，CSS代码定义分为选择器名称和代码定义块，代码定义块需要添加到"{}"里，包含所用的CSS属性以及属性值，格式如下：

选择器 {属性：值}

CSS定义多种选择器，不同选择器定义方法不同，使用方法也不同，下面分别进行介绍。

1. 标签选择器

一个HTML页面由很多不同的标签组成，而CSS标记选择器就是声明哪些标签采用哪种CSS样式。例如：

h1{color:red; font-size:25px;}

这里定义了一个h1选择器，针对网页中所有的<h1>标签都会自动应用该选择器中所定义的CSS样式，即网页中所有的<h1>标签中的内容都以大小是25像素的红色字体显示。

2. 类选择器

类选择器用来定义某一类元素的外观样式，可应用于任何HTML标签。类选择器的名称由用户自定义，一般需要以"."作为开头。在网页中应用类选择器定义的外观时，需要在应用样式的HTML标签中添加"class"属性，并将类选择器名称作为其属性值进行设置。例如：

.style_text{color:red; font-size:25px;}

这里定义了一个名称是"style_text"的类选择器，如果需要将其应用到网页中<div>标签中的文字外观，则添加如下代码：

<div class="style_text">这是一个类选择器的例子1</div>

<div class="style_text">这是一个类选择器的例子2</div>

网页最终的显示效果是两个<div>中的文字"这是一个类选择器的例子1"和"这是一个类选择器的例子2"都会以大小是25像素的红色字体显示。

3. ID选择器

ID选择器类似于类选择器，用来定义网页中某一个特殊元素的外观样式，ID选择器的名称由用户自定义，一般需要以"#"作为开头。在网页中应用ID选择器定义的外观时，需要在应用样式的HTML标签中添加"id"属性，并将ID选择器名称作为其属性值进行设置。例如：

#style_text{color:red; font-size:25px;}

这里定义了一个名称是"style_text"的ID选择器，如果需要将其应用到网页中<div>标签中的文字外观，则添加如下代码：

<div id="style_text">这是一个ID选择器的例子</div>

网页最终的显示效果是<div>中的文字"这是一个ID选择器的例子"会以大小是25像素的红色字体显示。

4. 伪类选择器

伪类选择器可以实现用户和网页交互的动态效果，例如超链接的外观。一般伪类选择器包括链接和用户行为，链接就是:link 和:visited，而用户行为包括:hover、:active和:hover。例如：

a:link {color:black;font-size:12px; text-decoration: none;}

a:visited {color:black; font-size:12px; text-decoration: none;}

a:active {color:orange; font-size:12px;text-decoration: none;}

a:hover {color:orange; font-size:12px;text-decoration: none;}

上述代码定义了一个超链接动态外观，a:link指定未单击超链接时外观，a:visited指定超链接访问过的外观，a:active指定超链接激活时的外观，a:hover指定鼠标停留在超链接上时的外观。将上述CSS代码添加到网页中时，会自动应用到网页中的所有超链接外观，即未单击超链接和未访问过超链接时显示字体为黑色、大小为12像素、不带下划线效果，当激活超链接时和鼠标停留超链接时显示字体为橘色、大小为12像素、不带下划线效果。

当有多个选择器使用相同的设置时，为了简化代码，可以一次性地为它们设置样式，并在多个选择器之间加上"，"来分隔它们，当格式中有多个属性时，则需要在两个属性之间用"；"来分隔。例如：

选择器1，选择器2，选择器3 {属性1：值1；属性2：值2；属性3：值3}

其他CSS的定义格式还有如：

选择符1 选择符2 {属性1：值1；属性2：值2；属性3：值3}

和格式1非常相似，只是在选择符之间少加了"，"，但其作用大不相同，表示如果选择符2包括的内容同时包括在选择符1中的时候，所设置的样式才起作用，这种也被称为"选择器嵌套"。

为网页添加样式表的方法有以下四种。

（1）直接添加在HTML标记中

这是应用CSS最简单的方法，其语法如下：

<标记 style="CSS属性：属性值">内容</标记>

例如：< p style="color: red; font-size: 10pt">CSS实例< /p>

该使用方法简单、显示直观，但是这种方法由于无法发挥样式表内容和格式控制分别保存的优点，所以并不常用。

（2）将CSS样式代码添加在HTML的 <style></style>标签之间

< head>

< style type="text/css">

< !--

样式表具体内容

-->

< /style>

< /head>

一般<style></style>标签需要放在<header></head>标签之间，其中type="text/css"表示样式表采用MIME类型，帮助不支持CSS的浏览器忽略CSS代码，避免在浏览器中直接以源代码的方式显示，为确保不出现这种情况，还有必要在样式表代码上加注释标识符< !---->"。

（3）链接外部样式表

将样式表文件通过<link>标签链接到指定网页中，这也是最常使用的方法。这种方法最大的好处是，样式表文件可以反复链接不同的网页，从而保证多个网页风格的一致。

< head>

< link rel="stylesheet" href="*.css" type="text/css" >

< /head>

其中，rel="stylesheet"用来指定一个外部的样式表，如果使用"Alternate stylesheet"，指定使用一个交互样式表。href="*.css"指定要链接的样式表文件路径，样式文件以.css作为后缀，其中应包含CSS代码，<style></style>标签不能写到样式表文件中。

（4）联合使用样式表

可以在<style></style>标签之间既定义CSS代码，也导入外部样式文件的声明。

< head>

< style type="text/css">

< !--

@import "*.css"

-->

< /style>

< /head>

以@import引入的联合样式表方法和链接外部样式表的方法很相似，但联合样式表方法更有优势。因为联合法可以在链接外部样式表的同时，针对该网页的具体情况，添加其他网页不需要的样式。

03 CSS的设置

目前计算机技术发展迅速，各种辅助设计工具使得编写CSS变得更加直观、便捷。Dreamweaver

CS6作为一款当前广泛应用的网页设计工具，更加能在网页设计中便捷地使用CSS，网页设计人员几乎可以使用Dreamweaver CS6对所有的CSS属性进行设置。

要应用CSS，首先应在Dreamweaver CS6中新建CSS，需要执行"格式>CSS样式>新建…"命令，弹出"新建CSS规则"对话框。

然后在"新建CSS规则"对话框中，根据需要选择所需要的选择器类型，输入选择器的名称，再选择该CSS样式使用的位置。设置完以后单击"确定"按钮就可以进入"属性设置"对话框，新建的CSS样式通过设置各种属性来实现对网页外观的控制。

在Dreamweaver中选择器类型可以设置以下值：

- 类（可应用于任何HTML元素）：用来定义一个类选择器。
- ID（仅应用一个HTML元素）：用来定义一个ID选择器。
- 标签（重新定义HTML元素）：用来定义一个标签选择器。
- 复合内容（基于选择的内容）：用来定义一个嵌套选择器，只有应用样式的HTML标签上下文环境完全符合嵌套选择器中所涉及的标签，才会显示效果。

CSS属性可以分为类型、背景、区块、方框、边框、列表、定位、扩展和过渡九个类别。下面分别对这些属性及其设置方法进行介绍。各属性在面板中对应的下拉列表中选择即可设置。

1. 设置类型属性

常用的类型属性主要包括：Font-family（字体）、Font-size（字号）、Font-weight（字体粗细）、Font-style（字体样式）、Font-variant（字体变体）、Line-height（行高）、Text-transform（字体大小写）、Text-decoration（文字修饰）和Color（颜色）。

CSS样式的"类型"设置相关属性介绍如下：

- Font-family：用于指定文本中的字体，多个字体之间以逗号分隔，按照优先顺序排列。
- Font-size：用于指定文本中的字体大小，可以直接指定字体的像素（px）大小，也可以采用相对设置值，例如xx-small（最小）、x-small（较小）、small（小）、medium（正常值）、large（大）、x-large（较大）、xx-large（最大）。
- Font-variant：定义小型的大写字母字体，对中文没什么意义。
- Font-weight：指定字体的粗细，其属性值可设为相对值，例如normal（正常）、bold（粗体）、bolder（更粗）、lighter（更细）；也可以取绝对值，例如100、200、300、400、500、600、700、800、900。其中，normal相当于400，bold相当于700。
- Font-style：用于设置字体的风格，属性值为normal（正常）、italic（斜体）、oblique（偏斜体），默认设置是normal。
- Line-height：用于设置文本所在行的高度，选择正常自动计算字体大小的行高，也可输入一个固定值并选择一种度量单位。
- Text-transform：可以控制将选定内容中的每个单词的首字母大写或者将文本设置为全部大写或小写。

- Text-decoration：向文本中添加underline（下划线）、overline（上划线）、line-through（删除线）或blink（使文本闪烁）。正常文本的默认设置是none（无），默认超链接设置是"underline"。
- Color：用于设置文字的颜色。

2. 设置背景属性

背景属性的功能主要是在网页元素后面添加固定的背景颜色或图像，常用的属性主要包括Background-color（背景颜色）、Background-image（背景图像）、Background-repeat（背景重复）、Background-attachment（背景固定）和Background-position（背景位置）。

CSS样式的"背景"设置相关属性介绍如下：

- Background-color：用于设置CSS元素的背景颜色。
- Background-image：用于定义背景图片，单击"浏览"按钮可以在对话框中选择图像源文件。
- Background-repeat：用来确定背景图片如何重复。包括repeat-x，背景图片横向重复；repeat-y，背景图片纵向重复；no-repeat，背景图片不重复。如果该属性不设置，则背景图片既横向平铺，又纵向重复。
- Background-attachment：设定背景图片是跟随网页内容滚动，还是固定不动。属性值可设为scroll（滚动）或fixed（固定）。
- Background-position：设置背景图片的初始位置。

3. 设置区块属性

区块属性的功能主要是定义样式的间距和对齐方式，常用的属性主要包括Word-spacing（单词间距）、Letter-spacing（字母间距）、Vertical-align（垂直对齐）、Text-align（文本对齐）、Text-indent（文字缩进）、White-space（空格）和Display（显示）。

CSS样式的"区块"设置相关属性介绍如下：

- Word-spacing：用于设置文字的间距。
- Letter-spacing：用于设置字体间距。如需要减少字符间距，可指定一个负值。
- Vertical-align：用于设置文字或图像相对于其父容器的垂直对齐方式。属性值可设为auto（自动）、baseline（基线对齐）、sub（对齐下标）、super（对齐上标）、top（对齐顶部）、text-top（文本与对象顶部对齐）、middle（内容与对象中部对齐）、bottom（内容与对象底部对齐）、text-bottom（文本与对象底部对齐）和length（百分比）。
- Text-align：用于设置区块的水平对齐方式。其属性值可设为left（左对齐）、right（右对齐）、center（居中对齐）、justify（两端对齐）。
- Text-indent：指定第一行文本缩进的程度。属性值可选择绝对单位（cm、mm、in、pt、pc）、相对单位（em、ex、px）或百分比（percentage）。
- White-space：确定如何处理元素中的空白。

- Display：指定是否显示以及如何显示元素。属性值可设为block（块对象）、none（隐藏对象）、inline（内联对象）、inline-block（块对象呈现内联对象）。

4. 设置方框属性

网页中的所有元素包括文字、图像等都被看作为包含在方框内，方框属性主要包括Width（宽）、Height（高）、Float（浮动）、Clear（清除）、Padding（填充）和Margin（边界）。

CSS样式的"方框"设置相关属性介绍如下：

- Width：用于设置网页元素对象宽度。
- Height：用于设置网页元素对象高度。
- Float：用于设置网页元素浮动。属性值可设置为none（默认）、left（浮动到左边）、right（浮动到右边）。
- Clear：用于清除浮动。属性值可设置为none（不清除）、left（清除左边浮动）、right（清除右边浮动）、both（清除两边浮动）。
- Padding：指定显示内容与边框间的距离。
- Margin：指定网页元素边框与另外一个网页元素边框之间的间距。

Padding属性与Margin属性与top，right，bottom，left组合使用，设置距上、右、下、左的间距。

5. 设置边框属性

边框属性可用来设置网页元素的边框外观，边框属性包括Style（样式）、Width（宽度）和Color（颜色），可分别与top，right，bottom，left组合使用。

CSS样式的"边框"设置相关属性介绍如下：

- Style：用于设置边框的样式，属性值可设为None（无）、Hidden（隐藏）、Dotted（点线）、Dashed（虚线）、Solid（实线）、Double（双线）、groove3D（槽线式边框）、ridge3D（脊线式边框）、inset3D（内嵌效果的边框）、outset3D（凸起效果的边框）。
- Width：用于设置边框宽度。
- Color：由于设置边框颜色。

6. 设置列表属性

列表属性包括List-style-type（列表类型）、List-style-image（项目符号图像）和List-style-position（位置）。

CSS样式的"列表"设置相关属性介绍如下：

- List-style-type：用于设置列表样式，属性值可设为Disc（默认值-实心圆）、Circle（空心圆）、Square（实心方块）、Decimal（阿拉

伯数字）、lower-roman（小写罗马数字）、upper-roman（大写罗马数字）、low-alpha（小写英文字母）、upper-alpha（大写英文字母）、none（无）。

- List-style-image：用于设置列表标记图像，属性值为url（标记图像路径）。
- List-style-position：用于设置列表位置。

7. 设置定位属性

定位属性包括Position（位置）、Visibility（显示）、Z-index（Z轴）、Overflow（溢出）、placement（放置）和clip（剪辑区域）等。

CSS样式的"定位"设置相关属性介绍如下：

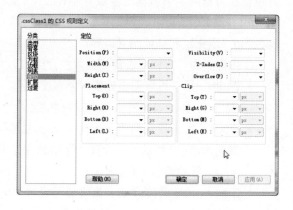

- Position：用于设定定位方式，属性值可设为Static（默认）、Absolute（绝对定位）、Fixed（相对固定窗口的定位）、Relative（相对定位）。
- Visibility：指定元素是否可见。
- Z-index：指定元素的层叠顺序，属性值一般是数字，数字大的显示在上面。
- Overflow：指定超出部分的显示设置。
- Placement：指定AP div的位置和大小。
- Clip：定义AP div的可见部分。

8. 设置扩展属性

扩展属性包括Page-break-before（向前分页）、Page-break-after（向后分页）、Cursor（光标）和Filter（过滤器）。

CSS样式的"扩展"设置相关属性介绍如下：

- Page-break-before：为打印的页面设置分页符。
- Page-break-after：检索或设置对象后出现的分页符。
- Cursor：定义鼠标形式。
- Filter：定义滤镜集合。

9. 设置过渡属性

使用 CSS "过渡"面板可将平滑属性变化更改应用于基于 CSS 的页面元素，以响应触发器事件，如悬停、单击或聚焦。

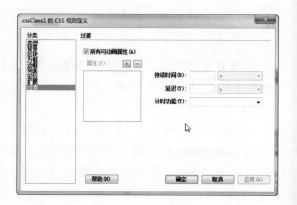

下面将利用CSS的扩展功能为网页添加动感效果，美化网页，即利用CSS制作图片由模糊到清楚的效果。

Step 01 启动Dreamweaver CS6，打开网页index.html，如右图所示。

Step 02 切换到代码视图，在<head></head>标签之间加入如下代码，如下左图所示。

Step 03 在设计视图中选中图像，切换至代码视图，在<imge />标签前后添加如下右图所示代码。

Step 04 执行"文件>保存"命令，保存网页。最后预览网页效果，将光标从图片上移开时的效果和指向图片时的效果对比如下图所示。

Section 02

使用 CSS

使用Dreamweaver CS6可以很方便地为网页添加CSS效果，只需要通过直观的界面设置，就可以为网页定义多种不同的CSS设置。

01 外联样式表

将网页的外观样式定义到一个单独的CSS文件中，通过在网页HTML文件中的<head></head>标签之间添加<link>标签，便可将当前网页和应用的样式文件进行关联。这样做的优点是可以将网页显示内容和显示样式分离开，方便网页设计人员集中管理网站风格，进行网页页面维护。

创建当前网页的外联样式表具体步骤如下。

Step 01 启动Dreamweaver CS6，打开要链接外联样式表的网页index.html，如下左图所示。

Step 02 执行"窗口>CSS样式"命令，打开"CSS样式"面板，如下右图所示。

Step 03 在"CSS样式"面板下方单击 按钮，弹出"链接外部样式表"对话框，在"文件/URL"文本框中输入要链接的样式文件路径，如下左图所示。

Step 04 单击"确定"按钮，依次关闭对话框。在"CSS样式"面板中就可以看到链接到外部CSS样式，如下右图所示。

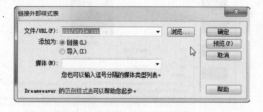 

02 内嵌样式表

内嵌样式是将CSS代码混合在HTML代码中，一般会内嵌在网页头部的<style></style>之间，该样式内容只能应用在当前网页中，不能被其他网页共享使用。

创建网页的内嵌样式表具体步骤如下。

Step 01 启动Dreamweaver CS6，打开网页index.html，选中要内嵌样式的文本。在属性面板中，目标规则选择"新CSS规则"，然后单击"编辑规则"按钮，如下左图所示。

Step 02 打开"新建CSS规则"对话框，选择器类型选择"类（可应用任何HTML元素）"，选择器名称文本框输入".content_title"，规则定义选择"（仅限该文档）"，单击"确定"按钮，如下右图所示。

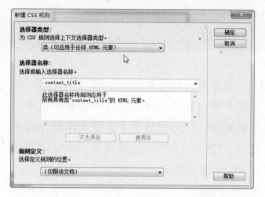

Step 03 弹出".content_title的CSS规则定义"对话框，在"类型"选项卡中，设置Font-family为"宋体"，Font-size设为"16"，Font-weight设为"bold"，Line-height设为"25"，如下左图所示。

Step 04 切换到"区块"选项卡，设置Text-align为"center"，依次单击"确定"按钮，关闭对话框。Dreamweaver CS6会将刚才的CSS样式定义以代码形式添加到当前网页<style></style>标签之间，如下右图所示。

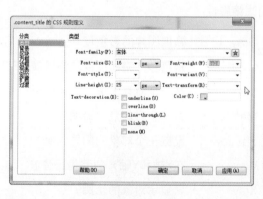

Step 05 选中文本，应用样式。执行"文件>保存"命令，保存网页，如右图所示。

Section 03 使用 CSS 滤镜

滤镜是对CSS的扩展，与制图软件Photoshop中的滤镜相似，它可以用很简单的方式对页面中的文字进行特效处理。使用CSS滤镜属性可以把可视化的滤镜和转换效果添加到一个标准的HTML元素上，如图片、文本容器以及其他一些对象。正是由于这些滤镜特效，在制作网页的时候，即使不用图像处理工具对图像进行加工，也可以使网页最终的效果更加美观。

CSS的滤镜代码需要在Filter属性中设置，将其应用到文字、图片，在浏览器中查看网页即可看到滤镜效果。CSS的滤镜不是每个浏览器都能正常显示，IE4.0以上均可正常浏览，火狐浏览器则不支持CSS滤镜显示。

在Dreamweaver CS6中为图片、文字添加滤镜非常简单，只需在CSS的"扩展"属性设置对话框中，选择Filter属性下拉列表中要应用的滤镜样式，设置属性参数，将该样式应用到具体文字或图像所在图层即可。

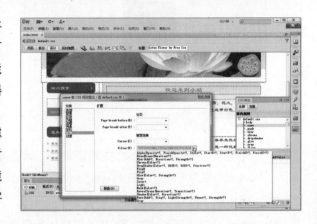

常见的滤镜属性如表7-1所示。

表7-1 常见滤镜属性

Alpha	设置透明度	Gray	降低图片的彩色度
Blur	设置模糊效果	Invert	将色彩、饱和度以及亮度值反转
Chroma	把指定的颜色设置为透明	Light	在一个对象上进行灯光投影
DropShadow	设置一种偏移的影像轮廓	Mask	为一个对象建立透明膜
FlipH	水平翻转	Shadow	设置一个对象的固体轮廓
FlipV	垂直翻转	Wave	在X轴和Y轴方向利用正弦波
Glow	为对象的外边界增加光效	Xray	只显示对象的轮廓

01 透明滤镜

透明滤镜（Alpha）可用于设置图片或文字的透明效果，其CSS语法如下。

filter: Alpha(Opacity=值,Style=值)

Alpha滤镜属性介绍如下。

● Opacity：设置对象的透明度，取值0至100之间的任意数值，100表示完全不透明。

● Style：设置渐变模式，0表示均匀渐变，1表示线性渐变，2表示放射渐变，3表示直角渐变。

为网页添加透明滤镜具体操作步骤如下。

Step 01 执行"窗口>CSS样式"命令，打开"CSS样式"面板，单击 ⬛ 按钮，弹出"CSS规则"对话框，选择器类型设置为"类（可应用于任何HTML元素）"，选择器名称设为".opacity"，单击"确定"按钮。弹出".opacity的CSS规则定义"对话框，在"扩展"选项面板中，在Filter属性文本框中输入"Alpha(Opacity=90,Style=2)"，单击"应用"和"确定"按钮，如下左图所示。

Step 02 将".opacity"滤镜样式应用到图片<img>标签上，如下右图所示。

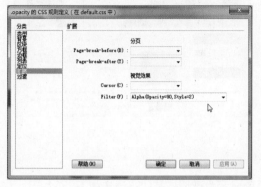

Step 03 保存网页，按F12键在浏览器中预览效果，如右图所示。

02 模糊滤镜

模糊滤镜（Blur）可用于设置图片或文字的动感模糊效果，其CSS语法如下。

Filter:Blur(Add=参数值,Direction=参数值,Strength=参数值)

Blur滤镜属性介绍如下。

- Add：表示模糊的目标。取值false用于文字，取值true用于图像。
- Direction：设置模糊方向。按照顺时针的方向以45°为单位进行累积。
- Strength：属性设置有几个像素的宽度将受到影响，默认值为5。

为网页添加模糊滤镜具体操作步骤如下。

Step 01 执行"窗口>CSS样式"命令，打开"CSS样式"面板，单击 ⬛ 按钮，弹出"CSS规则"对话框，选择器类型设置为"类（可应用于任何HTML元素）"，选择器名称设为".blur"，单击"确定"按钮。弹出".blur的CSS规则定义"对话框，在"扩展"选项面板中，在Filter属性文本框中输入"Blur(add=true,direction=25,strength=5)"，单击"应用"和"确定"按钮，如右图所示。

Step 02 随后将".blur"滤镜样式应用到图片<img>标签上，如下左图所示。

Step 03 保存网页，按F12键在浏览器中预览效果，如下右图所示。

03 透明色滤镜

透明色滤镜（Chroma）用于将对象中指定的颜色显示为透明，其CSS语法如下。

filter: Chroma (Color=颜色代码)

Chroma滤镜属性介绍如下。

● Color：设定颜色为要透明的颜色。

为网页添加透明色滤镜具体操作步骤如下。

Step 01 执行"窗口>CSS样式"命令，打开
"CSS样式"面板，单击按钮，弹出"CSS规
则"对话框，选择器类型设置为"类（可应用于任
何HTML元素）"，选择器名称设为".chroma"，
单击"确定"按钮。弹出".chroma的CSS规则定
义"对话框，在"扩展"选项面板中，在Filter属
性文本框中输入"Chroma(Color=#cc0099)"，
单击"应用"和"确定"按钮，如右图所示。

Step 02 将".chroma"滤镜样式应用到图片<img>标签上，如下左图所示。

Step 03 保存网页，按F12键在浏览器中预览效果，如下右图所示。

 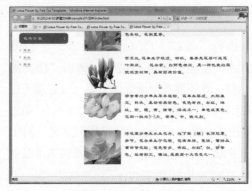

04 阴影滤镜

阴影滤镜（DropShadow）可以为图像设置阴影效果，其CSS语法如下。

filter:DropShadow（Color=阴影颜色, OffX=参数值, OffY=参数值, Positive=参数值）

Dropshadow滤镜属性介绍如下。

- Color：设置阴影的颜色。
- offX、offY：设置阴影的位移值。
- Positive：指定透明像素阴影，取值true为是，false为否。

为网页添加阴影滤镜具体操作步骤如下：

Step 01 执行"窗口>CSS样式"命令，打开"CSS样式"面板，单击按钮，弹出"CSS规则"对话框，选择器类型设置为"类（可应用于任何HTML元素）"，选择器名称设为".dropshadow"，单击"确定"按钮。弹出".dropshadow的CSS规则定义"对话框，在"扩展"选项面板中，在Filter属性文本框中输入"DropShadow（Color=gray, OffX=10, OffY=10, Positive=true）"，单击"应用"和"确定"按钮，如右图所示。

Step 02 随后将".dropshadow"滤镜样式应用到图片<img>标签上，如下左图所示。

Step 03 保存网页，按F12键在浏览器中预览效果，如下右图所示。

05 变换滤镜

变换滤镜（Flip）主要是产生两种变换效果，即上下变换和左右变换。FlipV产生上下变换，FlipH产生左右变换，其CSS语法如下。

Filter: FlipV()或FlipH()

为网页添加Flip滤镜具体操作步骤如下。

Step 01 执行"窗口>CSS样式"命令，打开"CSS样式"面板，单击 按钮，弹出"CSS规则"对话框，选择器类型设置为"类（可应用于任何HTML元素）"，选择器名称设为".flipv"，单击"确定"按钮。弹出".flipv的CSS规则定义"对话框，在"扩展"选项面板中，在Filter属性文本框中输入"FlipV"，单击"应用"和"确定"按钮，如右图所示。

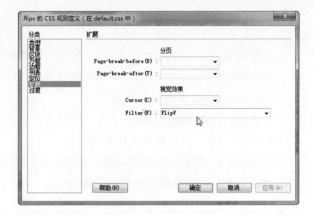

Step 02 随后将".flipv"滤镜样式应用到图片<img>标签上，如下左图所示。

Step 03 保存网页，按F12键在浏览器中预览效果，如下右图所示。

06 光晕滤镜

光晕滤镜（Glow）用于生成一种光晕效果，其CSS语法如下。

fliter:Glow（Color＝颜色代码，Strength＝增强值）

Glow滤镜属性介绍如下。

- Color：设置光晕颜色。
- Strength：设置光晕的强度，取值范围为1-255，默认值为5。

为网页添加光晕滤镜具体操作步骤如下。

Step 01 执行"窗口>CSS样式"命令，打开"CSS样式"面板，单击 按钮，弹出"CSS规则"对话框，选择器类型设置为"类（可应用于任何HTML元素）"，选择器名称设为".glow"，单击"确定"按钮。弹出".glow的CSS规则定义"对话框，在"扩展"选项面板中，在Filter属性文本框中输入"Glow(Color=yellow, Strength=8)"，单击"应用"和"确定"按钮，如右图所示。

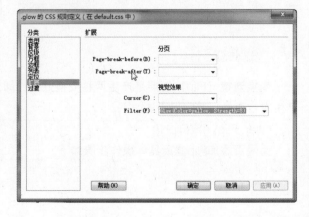

Step 02 将 ".glow" 滤镜样式应用到图片 <img> 标签上，如下左图所示。

Step 03 保存网页，按F12键在浏览器中预览效果，如下右图所示。

07 遮罩滤镜

遮罩滤镜（Mask）用于设置遮盖效果，其CSS语法如下。

filter:Mask(Color=颜色代码)

Mask属性介绍如下。

● Color：设定遮罩颜色。

为网页添加遮罩滤镜具体操作步骤如下。

Step 01 执行 "窗口＞CSS样式" 命令，打开 "CSS样式" 面板，单击按钮，弹出 "CSS规则" 对话框，选择器类型设置为 "类（可应用于任何HTML元素）"，选择器名称设为 ".mask"，单击 "确定" 按钮。弹出 ".mask的CSS规则定义" 对话框，在 "扩展" 选项面板中，在Filter属性文本框中输入 "mask(color=red)"，单击 "应用" 和 "确定" 按钮，如右图所示。

Step 02 将 ".mask" 滤镜样式应用到图片 <img> 标签上，如下左图所示。

Step 03 保存网页，按F12键在浏览器中预览效果，如下右图所示。

08 波浪滤镜

波浪滤镜（Wave）用于设置一种波浪效果，其CSS语法如下。

filter:Wave(Add=参数值, Freq=参数值, Light-Strength=参数值, Phase=参数值, Strength=参数值)

Wave滤镜属性介绍如下。

- add：布尔型，0表示将原始对象加入最后效果中，1则反之。
- freq：决定显示的频率，即应出现多少个波形。
- phrase：决定波形的形状，值取0至360之间。
- strength：决定波形的振幅。

为网页添加波浪滤镜具体操作步骤如下。

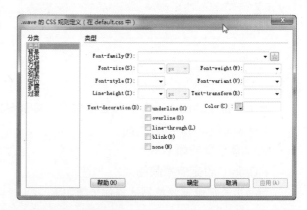

Step 01 执行"窗口＞CSS样式"命令，打开"CSS样式"面板，单击 按钮，弹出"CSS规则"对话框，选择器类型设置为"类（可应用于任何HTML元素）"，选择器名称设为".wave"，单击"确定"按钮。弹出".wave的CSS规则定义"对话框，在"扩展"选项面板中，在Filter属性文本框中输入"Wave(Add=false, Freq=2, LightStrength=10, Phase=150, Strength=10)"，单击"应用"和"确定"按钮，如右图所示。

Step 02 将".wave"滤镜样式应用到图片<img>标签上，如下左图所示。

Step 03 保存网页，按F12键在浏览器中预览效果，如下右图所示。

09 X射线滤镜

X射线滤镜（Xray）用于加亮对象的轮廓，呈现所谓的"X"光片效果，其CSS语法如下。

filter: Xray;

X射线滤镜不需要设置参数，它可以像灰色滤镜一样去除对象的所有颜色信息，然后将其反转。

为网页添加X射线滤镜具体操作步骤如下。

Step 01 执行"窗口>CSS样式"命令，打开
"CSS样式"面板，单击 按钮，弹出"CSS规
则"对话框，选择器类型设置为"类（可应用于
任何HTML元素）"，选择器名称设为.xray"，单
击"确定"按钮。弹出".xray的CSS规则定义"
对话框，在"扩展"选项面板中，在Filter属性文
本框中输入"xray"，单击"应用"和"确定"按
钮，如右图所示。

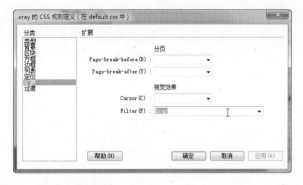

Step 02 将".xray"滤镜样式应用到图片<img>标签上，如下左图所示。

Step 03 保存网页，按F12键在浏览器中预览效果，如下右图所示。

🎙 设计师训练营 **制作动感光晕文字**

　　CSS滤镜属于CSS扩展功能，为网页添加CSS滤镜效果，可以极大地美化网页，为自己的网页锦
上添花。下面将介绍如何为文字添加光晕效果，其具体操作步骤如下。

Step 01 启动Dreamweaver CS6，打开index.html网页。选中网页文字，在"属性"面板中，目标规则选
择"新建CSS规则"，单击"编辑规则"按钮，如下左图所示。

Step 02 打开"新建CSS规则"对话框，选择器类型设置为"类（可应用于任何HTML元素）"，选择
器名称文本框中输入".filter"，规则定义选择"仅限该文档"，单击"确定"按钮，如下右图所示。

Step 03 弹出".filter的CSS规则定义"对话框，在"分类"列表中选择"类型"选项，设置字体为"宋体"，大小为"16"，字体颜色为"#000"，行高为"25"，字体粗细为"bold"，如右图所示。

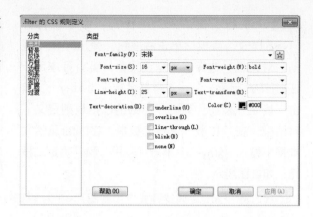

Step 04 在"分类"列表中选择"扩展"选项，在Filter下拉列表中选择Glow滤镜，设置属性值为"Glow(Color=red, Strength=8)"，单击"确定"按钮，如下左图所示。

Step 05 选中文字所在的<div>标签，在属性面板中，目标规则选择".filter"。保存网页为"index1.html"，如下右图所示。

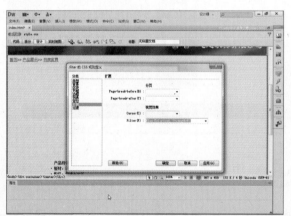

Step 06 预览网页效果，其添加光晕滤镜前后的效果对比如下。

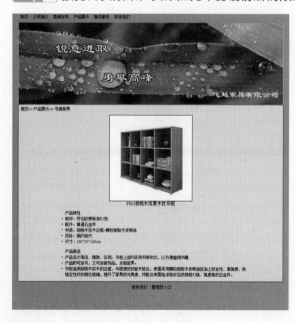
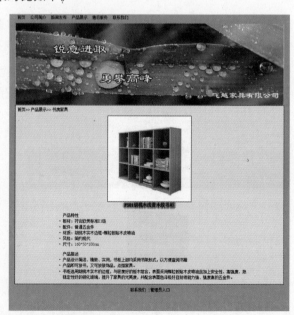

1. 选择题

（1）类名称必须以（　　）为开头，并且可以包含任何字母和数字组合。

　　A. .　　　　　　　　　　B. #　　　　　　　　　　C. *　　　　　　D. _

（2）可以对网页中的文本、图像等元素的间距、对齐方式和文字缩进等属性进行设置的选项是（　　）。

　　A. 类型　　　　　　　　　B. 区块　　　　　　　　　C. 列表　　　　　D. 定位

（3）内部样式表通常放在（　　）内，直接包含在 HTML 文档中。

　　A. <head></head>　　　　　　　　　　　　　　　　B. <body></body>

　　C. <style></style>　　　　　　　　　　　　　　　　D. <title></title>

（4）设置 CSS 样式表定位属性时，如果当 AP Div 内容超过 AP Div 的大小时，隐藏超出 AP Div 部分的内容，应该选择（　　）。

　　A. Visible　　　　　　　　B. hidden　　　　　　　　C. scroll　　　　D. auto

2. 填空题

（1）CSS 样式面板提供了两种模式：_____和"当前"模式。

（2）在网页中添加 CSS 样式表的方式主要包括嵌入样式表、_____和_____等。

（3）"新建 CSS 规则"对话框中主要包括三个部分：_____、_____和规则定义。

（4）"方框"选项可以对元素在页面上的放置方式的_____和属性定义进行设置。

3. 上机题

利用所学过的知识为网页中的文字和超链接设置CSS样式。

▲ Index1.html

▲ Index.html

操作提示

① 打开Index1.html网页，在<p>标签中添加网站介绍的文字内容。

② 执行"窗口>CSS样式"命令，在CSS样式面板中定义文字样式，并将该样式应用到输入的文字上。

③ 在输入文字的底部创建"read more..."超链接，利用CSS设置超链接的外观。同理为网页底部添加超链接导航，并设置CSS外观。

Chapter 07

使用 Div+CSS 布局网页

传统布局采用Table标签，容易在网页中产生大量代码，使网页代码可读性大大降低，同时影响网页下载速度。而使用Div+CSS布局，则可节省页面代码，使页面代码结构更清晰，下载速度更快，为网站的后期维护也带来了诸多便利。

重点难点

- Div+CSS布局基础
- 创建Div基本操作
- 创建并设置AP Div基本操作
- 使用Div+CSS布局的方法

Section 01 Div+CSS 布局基础

Div+CSS是目前主流的网页布局方法，可以更精确地对网页元素进行定位，使网页显示更加灵活、美观，维护也更方便。

01 什么是Web标准

Web标准不是某一个标准，而是一系列标准的集合。网页主要由三部分组成：结构、表现和行为。对应的标准也分三方面：

1. 结构

结构用于对网页中用到的信息进行分类与整理。结构标准语言主要包括XHTML和XML。

XML是可扩展标识语言，最初设计是弥补HTML的不足，以强大的扩展性满足网络信息发布的需要，后来逐渐用于网络数据的转换和描述。

XHTML是可扩展超文本标识语言，是在HTML4.0的基础上，使用XML的规则对其进行扩展发展起来的，其目的就是实现HTML向XML的过渡。

2. 表现

表现用于对信息进行版式、颜色和大小等形式进行控制。表现标准语言主要包括CSS。

CSS是层叠样式表。W3C创建CSS标准的目的是以CSS取代HTML表格式布局、帧和其他表现的语言。纯CSS布局与结构式XHTML相结合能帮助设计师分离外观与结构，使站点的访问以及维护更加容易。

3. 行为

行为是指文档内部的模型定义及交互行为的编写，用于编写交互式的文档。行为标准主要包括DOM和ECMAScript。

DOM是文档对象模型，它定义了表示和修改文档所需的对象、这些对象的行为和属性以及这些对象之间的关系。DOM给Web设计者和开发者一个标准的方法，让他们来访问站点中的数据、脚本和表现层对象。

ECMAScript是由ECMA国际组织制定的标准脚本语言。目前推荐遵循的是ECMAScript 262，像JavaScript或Jscript脚本语言实际上是ECMA-262标准的扩展。

02 Div+CSS概述

Div（Division，层）用来在页面中定义一个区域，使用CSS样式控制Div元素的表现效果。Div可以将复杂的网页内容分割成独立的区块，一个Div可以放置一个图片，也可以显示一行文本。简单来讲，Div就是容器，可以存放任何网页显示元素。

使用Div可以实现网页元素的重叠排列，实现网页元素的动态浮动，还可以控制网页元素的显示和隐藏，实现对网页的精确定位。有时候也把Div看作是一种网页定位技术。

CSS（Cascading Style Sheet，层叠样式表）是一种描述网页显示外观的样式定义文件，Div（Division，层）是网页元素的定位技术，可以将复杂网页分割成独立的Div区块，再通过CSS技术控制Div的显示外观，这就构成了目前主流的网页布局技术：Div+CSS。

使用Div+CSS进行网页布局与传统使用Table布局技术相比，具有以下优点：

1. 节省页面代码

传统的Table技术在布局网页时经常会在网页中插入大量的<Table><tr><td>等标记，这些标记会使网页结构更加臃肿，为后期的代码维护造成很大干扰。而采用Div+CSS布局页面，则不会增加太多代码，也便于后期网页的维护。

2. 加快网页浏览速度

当网页结构非常复杂时，就需要使用嵌套表格完成网页布局，这就加重了网页下载的负担，使网页加载非常缓慢。而采用Div+CSS布局网页，将大的网页元素切分成小的，从而加快了访问速度。

3. 便于网站推广

Internet网络中每天都有海量网页存在，这些网页需要有强大的搜索引擎，而作为搜索引擎的重要组成——网络爬虫，则肩负着检索和更新网页链接的职能。有些网络爬虫遇到多层嵌套表格网页时则会选择放弃，这就使得这类网站不能为搜索引擎检索到，从而影响该类网站的推广应用。而采用Div+CSS布局网页则会避免该类问题。

除此之外，使用Div+CSS网页布局技术还可以根据浏览窗口大小自动调整当前网页布局；同一个CSS文件可以链接到多个网页，实现网站风格统一、结构相似。Div+CSS网页布局技术已经取代了传统的布局方式，成为当今主流的网页设计技术。

专家技巧 Div与Span、Class和ID的区别

Div和Span都可以被看作是容器，可以用来插入文本、图片等网页元素。所不同的是，Div是作为块级元素来使用，在网页中插入一个Div，一般都会自动换行。而Span是作为行内元素来使用的，可以实现同一行、同一个段落中的不同的布局，从而达到引人注意的目的。一般会将网页总体框架先划分成多个Div，然后再根据需要使用Span布局行内样式。

Class和ID可以将CSS样式和应用样式的标签相关联，作为标签的属性来使用。所不同的是，通过Class属性关联的类选择器样式一般都表示一类元素通用的外观，而ID属性关联的ID选择器样式则表示某个特殊的元素外观。

Section 02　使用 AP Div

AP Div是使用了CSS样式中的绝对定位属性的Div标签，可以被准确定位在网页中的任何位置。它可以和表格相配合实现网页的布局，还可以与行为相结合实现网页动画效果。

01　创建普通Div

当需要使用Div进行网页布局或显示图片、段落等网页元素时，就可以在网页中创建Div区块。可以通过代码，将<div></div>标签插入到HTML网页中，也可以通过可视化网页设计软件创建Div。

在Dreamweaver CS6中创建Div非常简单，执行"插入>布局对象>Div标签"命令，或打开"插入"面板，切换到"布局"选项面板中单击"插入Div标签"按钮 。在网页中插入Div具体步骤如下。

Step 01 启动Dreamweaver CS6，打开index.html文件，执行"插入>布局对象>Div标签"命令，如下左图所示。

Step 02 弹出"插入Div标签"对话框，在对话框中进行相应设置，如下右图所示。

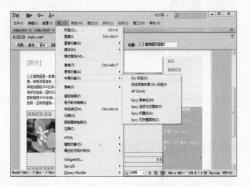

Step 03 单击"确定"按钮，即可在网页中插入 Div，如下左图所示。

Step 04 在Div中输入文字，如下右图所示。

02 设置AP Div的属性

AP Div就像浮动在网页上的一个窗口，可以插入任何网页元素，能被准确定位在网页中的任何位置，还可以通过属性设置AP Div的显示和隐藏，以及实现多个AP Div的重叠效果。

在Dreamweaver CS6中插入AP Div也非常简单，可以通过执行"插入>布局对象>AP Div"命令，也可以通过"插入"面板，切换到"布局"选项面板中单击"绘制AP Div"按钮 。在网页中插入AP Div 之后，就可以通过"AP 元素"面板实现AP Div的显示、隐藏等属性的设置。具体操作步骤如下：

Step 01 打开网页文档，执行"窗口>AP 元素"命令，打开"AP 元素"面板，如下左图所示。

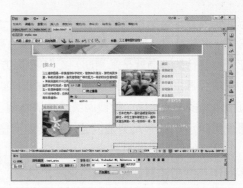

Step 02 单击"AP 元素"面板中的眼睛按钮，可以显示或隐藏AP Div。当"AP 元素"面板中的眼睛按钮为闭合状态时，则隐藏AP Div，如右图所示。

Step 03 选中AP Div，在属性面板中的"溢出"下拉列表，用于控制当AP Div的内容超过AP Div的指定大小时，如何在浏览器中显示AP Div，如下左图所示。

Step 04 也可以通过属性面板中的"可见性"下拉列表改变AP Div的可见性，如下右图所示。

 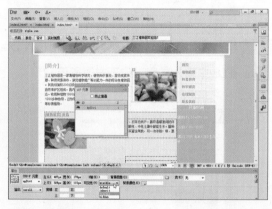

CSS 布局方法

网页布局就是根据浏览器分辨率的大小确定网页的尺寸，然后根据网页表现内容和风格将页面划分成多个板块，在各自的板块插入对应的网页元素，如文本、图像、Flash等。

传统的布局方法是使用表格，一个页面就是一张大表格，然后将大表格中对应的单元格插入具体的网页内容，这就给网页的维护和阅读带来了很大麻烦，而且也影响网页下载速度。

现在一种流行的布局就是采用Div+CSS布局方法，将网页划分成多个板块使用Div表示，一个Div就是一个板块，再由CSS样式对Div进行定位和样式描述，将网页内容插入到Div中。这种布局方法不会为网页插入太多设计代码，能使网页结构清晰明了，而且网页下载速度快。

要想使用Div+CSS布局方法，重点在于如何使用Div将网页划分成多个区块，网页的内容可能千篇一律，但是好的网页设计风格会让人眼前一亮，这就是对网页设计人员经验和对网页把握能力的考验了。在进行Div布局之前，先介绍一下盒子模型。

01 盒子模型

盒子模型是CSS控制页面时一个很重要的概念，只有很好地掌握了盒子模型以及其中每个元素的用法，才能真正地控制页面中各元素的位置。

盒子模型就是所有页面中的元素都可以看成是一个盒子，占据着一定的页面空间，可以通过调整盒子的边框和距离等参数来调节盒子的位置。

一个盒子模型由content（内容）、border（边框）、padding（填充）和margin（间隔）四个部分组成。

content位于最里面，是内容区域。其次是padding区域，该区域可用来调节内容显示和边框之间的距离。然后是边框，可以使用CSS样式设置边框的样式和粗细。最外面则是margin区域，用来调节边框以外的空白间隔。

每个区域都可具体再分为Top、Bottom、Left、Right四个方向，多个区域的不同组合就决定了盒子的最终显示效果。

在对盒子进行定位时，需要计算出盒子的实际宽度和高度：

实际宽度=margin-left+border-left+padding-left+width+padding-right+ border-right+margin-right

实际高度=margin-top+border-top+padding-top+height+padding-bottom+border-bottom+margin-bottom

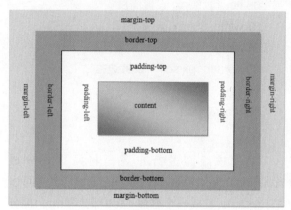

在CSS中可以通过设定width和height的值来控制content的大小，并且对于任何一个盒子，都可以分别设定四条边各自的border、padding和margin。因此，只要利用好盒子的这些属性，就能够实现各种各样的排版效果。

02 使用Div布局

在网页上，一个Div就是一个盒子。首先将页面划分成大的区块，然后再将大区块划分成多个小区块，复杂页面的布局多使用Div嵌套。常见的几种使用Div布局的版面介绍如下。

1. 上中下型

采用该版面进行布局，将网页划分成header、container和footer三部分，header部分用来显示网页导航，container部分显示网页主体内容，footer部分则显示页脚内容。例如，显示版权信息、管理员登录等，许多复杂的版面设计多是由该布局演变而来，所以该版面设计可以用于任何页面的布局。

对应的Div设计代码如下：

01 <body>Body

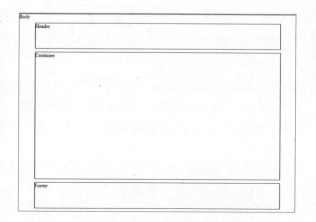

```
02 <div class="header">Header</div>
03 <div class="container">Container</div>
04 <div class="footer">Footer</div>
05 </body>
```

对应的CSS代码如下：

```
01 body{
02 margin:100px 50px 100px 50px; 设置间隔
03 border:1px solid;  设置边框
04 }
05 .header {
06 height: 80px; 设置高度
07 width: 800px; 设置宽度
08 margin:10px auto; 设置间隔
09 border:1px solid; 设置边框
10 }
11 .container {
```

```
12 height: 400px; 设置高度
13 width: 800px; 设置宽度
14 margin:10px auto; 设置间隔
15 border:1px solid; 设置边框
16 }
17 .footer{
18 height: 80px; 设置高度
19 width: 800px; 设置宽度
20 margin:10px auto; 设置间隔
21 border:1px solid; 设置边框
22 }
```

2. 左右下型

采用该版面进行布局，将网页划分成container、left、main和footer三部分，其中可以把container看成一个容器，left部分和main部分显示在父容器container中。left部分用来显示网页一级或二级导航，main部分显示网页主体内容，footer部分则显示页脚内容，该版面设计常用于结构简单的网页布局。

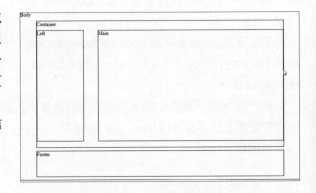

对应的Div设计代码如下：

```
01 <body>Body
02 <div class="container">Container<br />
03 <div class="left">Left</div>
04 <div class="main">Main</div>
05 </div>
06 <div class="footer">Footer</div>
07 </body>
```

对应的CSS代码如下：

```
01 body{
02 margin:100px 50px 100px 50px; 设置间隔
03 border:1px solid; 设置边框
04 }
05 .container {
06 height: 400px; 设置高度
```

```
07 width: 800px; 设置宽度
08 margin:10px auto; 设置间隔
09 border:1px solid; 设置边框
10 }
11 .left {
12 float:left; 设置向左浮动
13 height: 350px; 设置高度
```

14 width: 150px; 设置宽度

15 margin:10px auto; 设置间隔

16 border:1px solid; 设置边框

17 }

18 .main {

19 float:right; 设置向右浮动

20 height: 350px; 设置高度

21 width: 600px; 设置宽度

22 margin:10px auto; 设置间隔

23 border:1px solid; 设置边框

24 }

25 .footer{

26 clear:both; 清除左右浮动影响

27 height: 80px; 设置高度

28 width: 800px; 设置宽度

29 margin:10px auto; 设置间隔

30 border:1px solid; 设置边框

31 }

32

在设计left部分和main部分时，由于二者是嵌套在父容器container中显示的，需要增加float属性，该属性用来设置在父容器中的浮动位置，父容器位置发生变化，子容器位置自动变化。如果想要left部分和main部分显示位置互换，则只需要更改float属性值，让二者互换即可。为了不使浮动属性对footer部分的定位产生影响，则需要在footer中添加clear属性，清除浮动的影响。

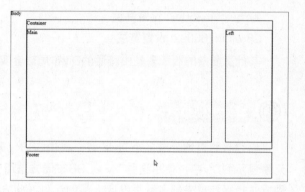

3. 上左右下型

该版面布局是前两个布局的组合，主要用于二级页面的布局。left部分用来显示二级导航，main部分显示网页内容。

对应的Div设计代码如下：

01 <body>Body

02 <div class="header">Header</div>

03 <div class="container">Container

04 <div class="left">Left</div>

05 <div class="main">Main</div>

06 </div>

07 <div class="footer">Footer</div>

08 </body>

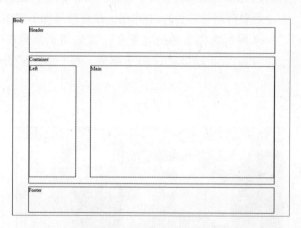

对应的CSS设计代码如下：

01 body{

02 margin:100px 50px 100px 50px;

03 设置间隔

04 border:1px solid; 设置边框

05 }

06 .header {

07 height: 80px; 设置高度

08 width: 800px; 设置宽度

09 margin:10px auto; 设置间隔

10 border:1px solid; 设置边框

11 }

12 .container {

13 height: 400px; 设置高度

14 width: 800px; 设置宽度

15 margin:10px auto; 设置间隔

16 border:1px solid; 设置边框

17 }

18 .left {

19 float:left; 设置向左浮动

20 height: 350px; 设置高度

21 width: 150px; 设置宽度

22 margin:10px auto; 设置间隔

23 border:1px solid; 设置边框

24 }

25 .main {

26 float:right; 设置向右浮动

27 height: 350px; 设置高度

28 width: 600px; 设置宽度

29 margin:10px auto; 设置间隔

30 border:1px solid; 设置边框

31 }

32 .footer{

33 clear:both; 清除左右浮动影响

34 height: 80px; 设置高度

35 width: 800px; 设置宽度

36 margin:10px auto; 设置间隔

37 border:1px solid; 设置边框

38 }

39

其他更复杂的版面多是由普通的Div布局嵌套实现的，这里不再讲述。

设计师训练营 使用 Div+CSS 布局网页

　　通过将网页划分成多个Div区域，再由CSS代码对每个Div进行定位和样式描述，最后将网页对应元素显示到Div中，使用这种Div+CSS布局方法所带来的好处是传统布局方式所无法企及的，而且这种方法也得到越来越多网页设计人员的认可，此方法也成为目前流行的网页设计技术。本实例介绍了一个西餐厅网站首页的Div布局，最终效果如下左图所示。

　　本网页内容布局相对复杂，首先将页面分成header_right、header_navigator、container、container_bottom以及footer五部分，每一部分都是一个Div块，如下右图所示。

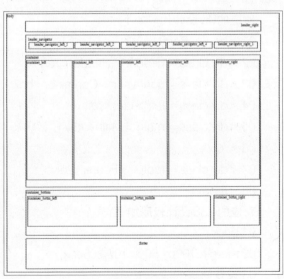

　　其中，header_right部分用于显示如Home、Login、Sitemap等站点辅助导航条。header_navigator部分用于显示站点主导航条，其中包含的每一个超链接又都放置在各自的Div中，一同嵌套在父容器header_navigator中显示。container部分用来显示西餐中对应的图片，由于图片较多，每个图片也都单独放置在各自的Div中，一同嵌套在父容器container中显示。container_bottom部分则用来显示餐厅的新闻、位置及Logo信息，每个信息块也都单独放置在各自的Div中，一同嵌套在父容器

container_bottom中显示。footer部分则显示版权信息、管理员登录及联系我们，这些内容比较简单，使用超链接即可完成。页面中HTML框架代码如下：

```
01 <body>body
02 <div class="header_right" > header_right</div>
03 <div  class="header_navigator">header_navigator<br />
04 <div class="header_navigator_left">header_navigator_left_1</ div>
05 < div class="header_navigator_left">header_navigator_left_2</ div >
06 < div class="header_navigator_left">header_navigator_left_3</ div >
07 < div class="header_navigator_left">header_navigator_left_4</ div >
08 < div class="header_navigator_right">header_navigator_right_1</ div >
09 </div>
10 <div class="container">container<br />
11 < div class="container_left" >container_left</ div >
12 < div class="container_left" >container_left</ div >
13 < div class="container_left" >container_left</ div >
14 < div class="container_left" >container_left</ div >
15 < div class="container_right" >container_right</ div >
16 </div>
17 <div class="container_bottom">container_bottom<br />
18 <div class="container_bottm_left">
19 container_bottm_left
20 </div>
21 <div class="container_bottm_middle">container_bottm_middle
22 </div>
23 <div class="container_bottm_right">container_bottm_right
24 </div>
25 </div>
26 <div class="footer">footer
27 </div>
28 </body>
```

页面框架布局设计好之后，就可以开始准备素材，设计网页，其具体操作步骤介绍如下。

Step 01 启动Dreamweaver CS6，执行"文件>新建"命令，新建空白文档，将其保存为index1.html，如右图所示。

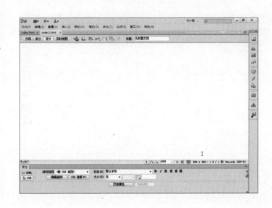

Step 02 执行"插入>布局对象>Div标签"命令，在当前位置插入一个Div标签，如下左图所示。

Step 03 执行"窗口>CSS样式"命令，在"CSS样式"面板中，单击囗按钮，弹出"新建CSS规则"对话框，选择器类型设置为"类"（可应用于任何HTML元素），选择器名称输入".header_right"，规则定义选择"新建样式表文件"，单击"确定"按钮，如下右图所示。

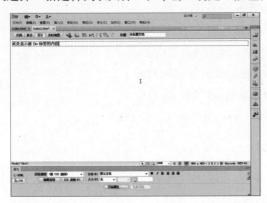 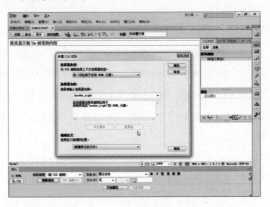

Step 04 弹出"将样式表文件另存为"对话框，输入"style"，单击"保存"按钮，弹出".header_right的CSS规则定义"对话框，在"分类"列表中选择"方框"，设置相应属性，如下左图所示。

Step 05 在"分类"类表中选择"区块"，设置相应属性，单击"确定"按钮，如下右图所示。

Step 06 将光标移到Div中，删除原有文字，输入"Home|Login|Sitemap|Contact Us"文字，执行"插入>超级链接"命令，分别为Home、Login、Sitemap、Contact Us创建超链接，如下左图所示。

Step 07 选中Div，在"CSS样式"面板中选中".header_right"，单击鼠标右键，在快捷菜单中选择"应用"，将".header_right"样式应用到Div上，如下右图所示。

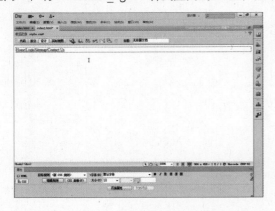 

Step 08 选中Div，执行"插入>布局对象>Div标签"命令，在结束标签之前插入一个Div标签，如下左图所示。

Step 09 重复步骤03、04、05，创建".header_navigator"样式。样式代码如下右图所示。

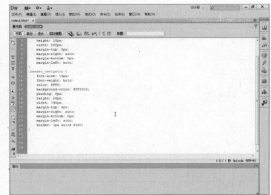

Step 10 重复步骤07，将".header_navigator"样式应用到新建的Div上，如下左图所示。

Step 11 将光标移到当前Div内，在当前位置插入Div，删除Div中原有文字，输入"西餐"，为该文字创建超链接。然后为该Div定义样式".header_navigator_left"，样式代码如下右图所示。

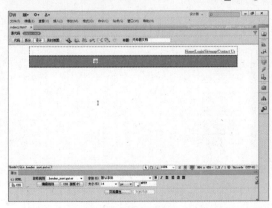

Step 12 将".header_navigator_left"样式应用到新建的Div上，如下左图所示。

Step 13 同理，在当前Div右边继续插入三个Div，输入文字分别为"中餐""浓汤""甜点"，并创建超链接。然后将".header_navigator_left"样式分别应用到这三个Div上，如下右图所示。

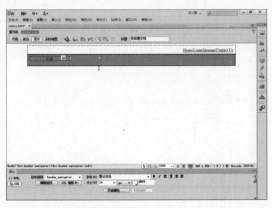

Step 14 在当前Div右边继续插入一个Div，输入文字"饮料"，并创建超链接。为该Div定义样式
".header_navigator_right"，样式代码如下左图所示。

Step 15 同理，将".header_navigator_right"样式应用到新建Div上，如下右图所示。

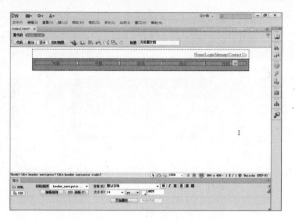

Step 16 在下方选中"<div.head_navigator>"，执行"插入>布局对象> Div标签"命令，插入一个
Div，如下左图所示。

Step 17 为该Div创建".container"样式，样式代码如下右图所示。

Step 18 将".container"样式应用到新建的Div上，如下左图所示。

Step 19 删除Div中原有文字，在当前Div内插入一个Div，为该Div定义样式".container_left"，样式代码
如下右图所示。

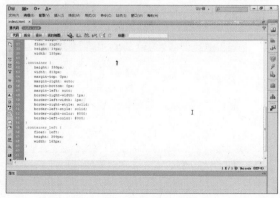

Step 20 删除当前Div中原有文字，执行"插入>图像"命令，在当前Div中插入"西餐.jpg"图像，将".container_left"应用到当前的Div中，如下左图所示。

Step 21 同理，在当前Div右边继续插入三个Div，删除Div中原有文字，在每个Div中分别插入图像"中餐.jpg""浓汤.jpg""甜点.jpg"，将".container_left"样式分别应用到这三个Div上，如下右图所示。

Step 22 同理，继续插入一个Div，在该Div中插入图像"饮料.jpg"，为该Div创建".container_right"样式，样式代码如下左图所示。

Step 23 将".container_right"样式应用到新建的Div上，如下右图所示。

Step 24 在下方选中"<div.container>"，执行"插入>布局对象>Div标签"命令，插入一个Div，如下左图所示。

Step 25 为当前Div定义".container_bottom"样式，样式代码如下右图所示。

Chapter 07 使用Div+CSS布局网页 **121**

Step 26 将".container_bottom"样式应用到新建的Div上,如右图所示。

Step 27 在当前Div中插入三个新Div,为这三个新Div分别创建".container_bottom_left"样式、".container_bottom_middle"样式和".container_bottom_right"样式,样式代码如下左图所示。接着将三个Div分别应用这三个样式,如下右图所示。

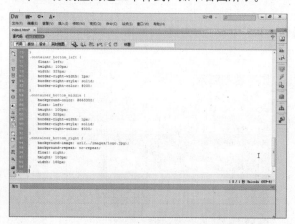

Step 28 在第一个Div中插入一个5行1列的表格,表格宽度设为100%,各单元格中均输入文字,并为文字创建超链接,如下左图所示。

Step 29 同理为第二个Div插入一个4行1列的表格,各单元格中均输入文字,并为文字创建超链接,如下右图所示。

Step 30 切换到style.css的"代码"视图中，添加代码，用来设置网页中所有超链接的外观，代码如下左图所示。

Step 31 将".title"样式应用到左边和中间Div中表格第1行单元格<td>上，将 ".text"样式应用到中间Div中表格的剩余单元格<td>上，如下右图所示。

Step 32 在下方选中"<div.container_bottom>"，执行"插入>布局对象>Div标签"命令，插入一个Div，如下左图所示。

Step 33 为该Div设计".footer"样式，样式代码如下右图所示。

Step 34 将".footer"样式应用到当前Div中，并输入文字，分别创建超链接，如右图所示。最后保存文件。

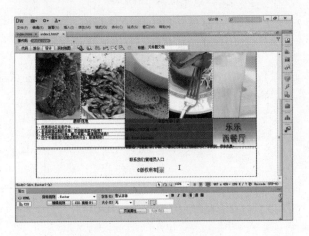

1. 选择题

(1) 在 HTML 文档中，引用外部样式表的正确位置是（   ）。

    A．文档的末尾   B．文档的顶部

    C．<body> 部分   D．<head> 部分

(2) 创建自定义 CSS 样式时，样式名称的前面必须加一个（   ）。

    A．$ B．?   C．.   D．#

(3) 定义标题的方法最合理的是（   ）。

    A．<h1> 文章标题 </h1>   B．<p><b> 文章标题 </b></p>

    C．<span class=" heading"> 文章标题 </span>   D.<strong> 文章标题 </strong>

(4) 下面说法错误的是（   ）。

    A. CSS 样式表可以使许多网页同时更新

    B. CSS 样式表可以将格式和结构分离

    C. CSS 样式表不能制作体积更小下载更快的网页

    D. CSS 样式表可以控制页面的布局

2. 填空题

(1) CSS 样式表的基本语法是_____。

(2) 设置 <body> 中的元素对齐方式为居中的 CSS 代码是_____。

(3) 改变元素的外边距用_____，改变元素的内填充用_____。

(4) 一个盒子模型由_____四部分组成。

3. 上机题

利用所学过的知识完成下面布局效果。

操作提示

① 执行"插入>布局对象>Div标签"命令，在网页中插入三个Div。

② 执行"窗口>CSS样式"命令，在"CSS样式"面板中定义CSS外观。

③ 将CSS外观应用到网页中，保存网页即可。

Chapter

08

使用模板和库批量制作网页

　　在进行网站规划时，一般都需要将网站中的网页设计成风格统一、结构相似的布局，为了简化操作，Dreamweaver提供了模板和库项目两种工具。由于模板和库特有的优势，使得采用模板和库快速开发网站已经成为网站制作人员的必杀技。

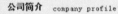

公司简介　company profile

　　徐州新能源科技有限公司是一家集电池
于1999年，前身是徐州电器股份有限公司
池企业之一。
　　公司以"员工满意、顾客满意、股东满意
托军工技术，以开放的心态涉足能源行业，潜心致
推行环保概念，不断改善和提高新一代
先进水平。
　　展望未来，
响力的减性

重点难点

● 创建模板

● 创建可编辑区域

● 通过模板创建内容页

● 创建嵌套模板

● 创建和使用库项目

创建模板

为了方便网站设计人员快速创建模板，Dreamweaver支持将现有网页另存为模板。除此之外，还有一种传统创建模板的方法，即使用向导直接创建一个空白模板，然后设计模板布局。

在Dreamweaver中，模板文件以*.dwt格式存储，存放在当前站点的根目录下的Templates文件夹中，该文件夹是在模板创建时由Dreamweaver自动创建的。

01 直接创建模板

直接创建模板需要执行以下操作。

Step 01 执行"文件>新建"命令，打开"新建文档"对话框，选择"空模板"标签，在"模板类型"区域中选择"HTML模板"，"布局"选择"无"，单击"创建"按钮，如下左图所示。

Step 02 执行"文件>保存"命令，将当前模板重命名为"Template_main"，选择模板存储的站点名称，单击"保存"按钮，如下右图所示。

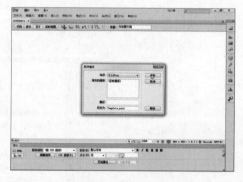

02 从现有网页中创建模板

对于网站设计人员来说，采用从现有网页中创建模板相比直接创建模板更加简化了网站制作步骤，节约了大量时间，可以将网站设计人员从繁琐、重复的劳动中解放出来，将更多时间用来美化页面，设计合理布局。

从现有网页中创建模板需要执行以下操作。

Step 01 执行"文件>打开"命令，在Dreamweaver中打开要创建为模板的网页，执行"文件>另存为模板"命令，如右图所示。

Step 02 弹出"另存模板"对话框。选择模板存储的站点名称，在"另存为"文本框中输入模板名称，单击"保存"按钮，如下左图所示。

Step 03 弹出"Dreamweaver"提示对话框，单击"是"，如下右图所示。

Step 04 执行"窗口>文件"命令，打开"文件"面板，展开"Templates"文件夹，即可看到保存的模板文件，如右图所示。

03 创建可编辑区域

　　一旦模板创建成功，就可以编辑模板，设计模板布局。在设计模板时，除了设计布局外，还需要指定可编辑区域以及锁定区域。一旦模板中的部分区域设成可编辑区域，则该区域允许在使用模板的那些网页中进行重新编辑和布局。而如果为了保证网页的统一结构不希望某些区域被修改，则需要设置这些区域为锁定区域。

　　默认情况下，在创建模板时模板中的布局就已被设为锁定区域。对锁定区域修改，需要重新打开模板文件，对模板内容编辑修改。

　　创建可编辑区域需要执行以下操作。

Step 01 打开模板，将光标移到需要创建可编辑区域的位置，如下左图所示。

Step 02 执行"插入>模板对象>可编辑区域"命令，弹出"新建可编辑区域"对话框，在"名称"文本框中输入可编辑区域的名称，单击"确定"按钮，如下右图所示。

Step 03 将光标移到可编辑区域Edite_Text内，删除原有文本，如右图所示。

 专家技巧　创建可编辑区域的注意事项

创建可编辑区域时，可以将整个表格或某个单元格设为可编辑区域，但不能将多个表格单元格标签设为单个可编辑区域。

知识链接　熟悉模板代码

Dreamweaver使用HTML注释标签来指定模板和基于模板的文档中的区域，因此，基于模板的文档仍然是有效的HTML文件。插入模板对象以后，模板标签便被插入代码中。所有属性必须用引号引起来，可以使用单引号或双引号。

```
01 <!-- TemplateBeginEditable name="…" -->
02 <!-- InstanceBegin template="…" codeOutsideHTMLIsLocked="…" -->
03 <!-- InstanceEnd -->
04 <!-- InstanceBeginEditable name="…" -->
05 <!-- InstanceEndEditable -->
06 <!-- InstanceParam name="…" type="…" value="…" passthrough="…" -->
07 <!-- InstanceBeginRepeat name="…" -->
08 <!-- InstanceEndRepeat -->
09 <!-- InstanceBeginRepeatEntry -->
10 <!-- InstanceEndRepeatEntry -->
```

Section 02 管理和使用模板

在Dreamweaver中，模板创建成功，网站设计人员就可以对模板文件进行各种管理操作，例如应用模板、分离模板等。

01 应用模板

模板创建成功之后，就可以创建应用该模板的网页了，创建模板的内容页，该页面将会具有模板中预先定义的布局结构。创建模板的内容页，需要执行以下操作。

Step 01 执行"文件>新建"命令，弹出"新建文档"对话框，在对话框中选择"模板中的页>个人Blog"站点中的模板，如下左图所示。

Step 02 单击"创建"按钮，创建一个基于模板的网页文档，如下右图所示。

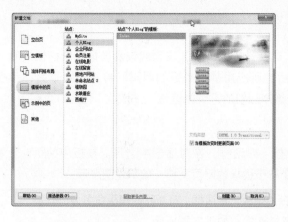

02 从模板中分离

　　将模板应用到网页中时，定义为可编辑的区域内容可以修改，其他区域则被锁定不能修改编辑。如果想更改锁定区域，必须修改模板文件，这就需要将网页从模板中分离。具体操作如下。

　　执行"修改>模板>从模板中分离"命令，即可将当前网页从模板中分离，网页中所有的模板代码将被删除，如右图所示。

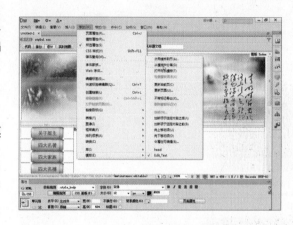

03 更新模板及模板内容页

　　当对模板进行修改之后，就需要对使用该模板的网页进行更新。可以手动使用更新命令进行更新，也可以借助Dreamweaver的"更新模板文件"提示对话框进行更新。具体操作步骤如下。

Step 01 打开模板文件，对模板文件进行修改。执行"文件>保存"命令，弹出"更新模板文件"对话框，提示是否更新，如下左图所示。

Step 02 单击"更新"按钮，弹出"更新页面"对话框。更新完毕后，单击"关闭"按钮，关闭"更新页面"对话框，如下右图所示。

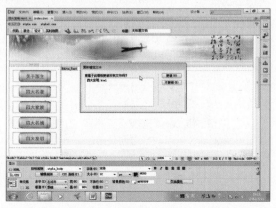
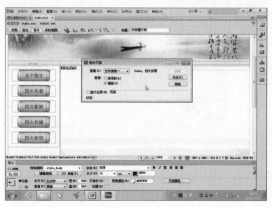

04 创建嵌套模板

有时候需要在一个模板文件中使用其他模板，这就是模板嵌套。在创建嵌套模板（新模板）时，需要首先保存被嵌套模板文件（基本模板），然后创建应用基本模板的网页，再将该网页另存为模板。新模板拥有基本模板的可编辑区域，还可以继续添加新的可编辑区域。

在Dreamweaver中创建嵌套模板步骤如下。

Step 01 执行"文件>新建"命令，弹出"新建文档"对话框，在对话框中选择"模板中的页>个人Blog"站点中的模板，单击"创建"按钮，创建一个基于模板的网页文档，如下左图所示。

Step 02 执行"文件>另存为模板"命令，弹出"另存为模板"对话框，将新建的模板命名为"Index_1"，单击"保存"按钮。新建的"Index_1"模板即为嵌套模板，如下右图所示。

 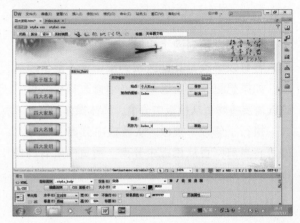

05 创建可选区域

可选区域是在模板中定义的，使用模板创建的网页，可以选择可选区域的内容显示或不显示。创建可选区域步骤如下。

Step 01 打开模板文件，执行"插入>模板对象>可选区域"命令，弹出"新建可选区域"对话框，为可选区域命名，单击"确定"按钮，如下左图所示。

Step 02 单击"高级"标签，切换到"高级"选项卡，在其中进行各项参数设置，如下右图所示。

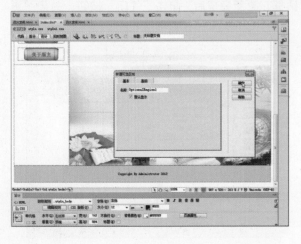 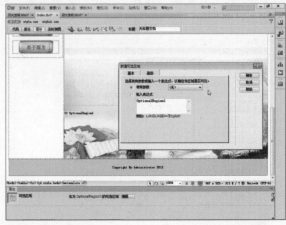

创建和使用库

库是一种用来存储在网页上经常重复使用或更新的页面元素的方法，例如图像、文本或其他对象，这些元素称为库项目。可以将网页上的任何内容存储为库项目。对库项目进行更改，会自动更新所有使用该库项目的网页，避免了频繁手动更新所带来的不便。

01 创建库项目

在Dreamweaver中，创建的库项目都存储在Library文件夹中。具体操作步骤如下。

Step 01 执行"文件>新建"命令，弹出"新建文档"对话框，选择"空白页"标签，在"页面类型"区域选择"库项目"，单击"创建"按钮，如下左图所示。

Step 02 执行"插入>表格"命令，在空白页面中创建一个1行1列的表格。在"属性"面板中，设置对齐方式为"居中对齐"，表格宽度为"1000"像素，如下右图所示。

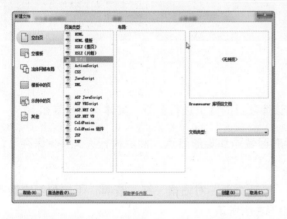

Step 03 将光标移到单元格中，执行"插入>图像"命令，在当前表格单元格中插入图像"title.jpg"，如下左图所示。

Step 04 执行"文件>保存"命令，弹出"另存为"对话框，输入文件名"header"，"保存类型"设为"库文件"，单击"保存"按钮，将文档保存为库文件，如下右图所示。

02 插入库项目

库项目创建成功，就可以在网页中插入使用了。具体操作步骤如下。

Step 01 打开网页文档，将光标移到插入库项目的位置。执行"窗口>资源"命令，打开"资源"面板，选择要使用的库文件，如下左图所示。

Step 02 单击"资源"面板中的"插入"按钮，将库插入到网页中。执行"文件>保存"命令，保存网页文件，如下右图所示。

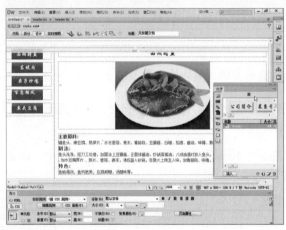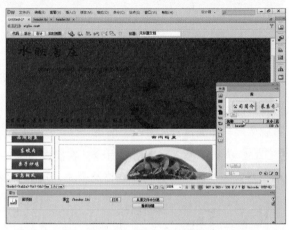

03 编辑和更新库项目

如果对库项目进行编辑修改，需要对所有使用该库项目的网页进行更新，具体操作步骤如下。

Step 01 打开库文件，修改库文件内容，为每个导航区域添加矩形热点，然后执行"文件>保存"命令，保存库的修改内容，如下左图所示。

Step 02 执行"修改>库>更新页面"命令，弹出"更新页面"对话框，在"查看"下拉列表中选择"整个站点"选项，"更新"设置为"库项目"，如下右图所示。

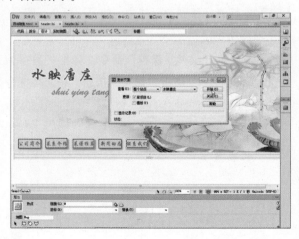

Step 03 单击"开始"按钮，更新完成，会在显示记录位置显示"完成"，单击"关闭"按钮，如右图所示。

⊙ 设计师训练营 **网站模板的创建及应用**

在网站设计过程中，为了保证各网页风格统一，布局一致，可以使用Dreamweaver将相同的布局内容创建到模板中，当需要制作和模板内容布局一致的网页时，只要直接使用预先创建好的模板即可。

Step 01 执行"文件>新建"命令，打开"新建文档"对话框，选择"空模板"选项，然后在"模板类型"选项区域选择"HTML模板"，"布局"选项区域选择"无"，如右图所示。

Step 02 单击"创建"按钮，新建一空白模板文档。执行"文件>保存"命令，弹出Dreamweaver提示对话框，单击"确定"按钮，如下左图所示。

Step 03 弹出"另存模板"对话框，将当前模板重命名为"Index"，选择模板存储的站点名称，单击"保存"按钮，如下右图所示。

Step 04 单击“属性”面板中“页面属性”按钮，打开“页面属性”对话框，在“分类”选项区域选择“外观（CSS）”，然后设置“页面字体”为“宋体”，“大小”设为“12”像素，“文本颜色”设为“#000”，“背景颜色”设为“#FFF”，单击“确定”按钮，如下左图所示。

Step 05 执行“插入>表格”命令，打开“表格”对话框，设置行和列值为“1”，“表格宽度”为“948”像素，“边框粗细”以及“单元格间距”均设为“0”，单击“确定”按钮，如下右图所示。

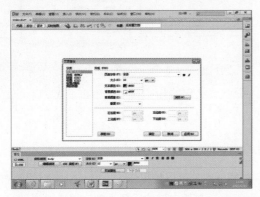 

Step 06 选中表格，在“属性”面板中将对齐方式设为“居中对齐”，如下左图所示。

Step 07 将光标移到表格的单元格中，执行“插入>图像”命令，在单元格中插入“title.jpg”，如下右图所示。

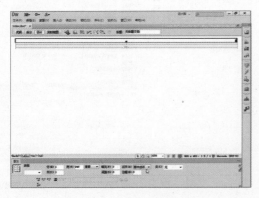 

Step 08 将光标移到表格右边，重复步骤05、06，在当前表格下面再插入一个1行2列的表格，如下左图所示。

Step 09 将光标移到表格第1列单元格中，在“属性”面板中，设置水平对齐方式为“左对齐”，设置垂直对齐方式为“顶端”，单元格宽度设为“204”像素，如下右图所示。

Step 10 将光标移到表格第1列单元格中，执行"插入>表格"命令，插入一个5行1列的表格，单击"确定"按钮，如下左图所示。

Step 11 将光标移到第1行单元格中，执行"插入>图像"命令，弹出"选择图像源文件"对话框，将"menu1.jpg"图像插入到第1行单元格中，如下右图所示。

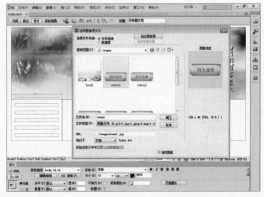

Step 12 重复步骤09，分别将"menu2.Jpg""menu3.Jpg""menu4.Jpg""menu5.Jpg"图像插入到第2、3、4、5行单元格中，如下左图所示。

Step 13 将光标移到右边单元格中，在"属性"面板中，设置单元格的水平对齐方式为"左对齐"，垂直对齐方式为"顶端"，单元格高度设为"684"像素，设置"目标规则"为"新建规则"，单击"编辑规则"按钮，如下右图所示。

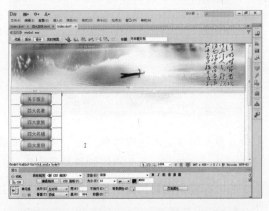

Step 14 弹出"新建CSS规则"对话框，设置"选择器类型"为"类（可应用于任何HTML元素）"，设置"选择器名称"为".style_body"，设置"规则定义"为"新建样式表文件"，单击"确定"按钮，如右图所示。

Step 15 弹出"将样式表文件另存为"对话框，指定存储路径，为样式表文件命名为"style1.css"，单击"保存"按钮，如下左图所示。

Step 16 弹出".style1_body的CSS规则定义"对话框，在分类区域选择"背景"选项卡，然后设置单元格的背景图像、平铺模式以及背景是固定或随页面滚动显示，如下右图所示。

 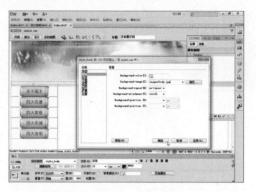

Step 17 单击"确定"按钮，将body.jpg设置为右边单元格的背景图片，如下左图所示。

Step 18 将光标移到表格右边，执行"插入>表格"命令，在网页底端插入一个1行1列的表格，单击"确定"按钮，如下右图所示。

Step 19 在单元格中输入版权信息，在"属性"面板中，设置单元格水平对齐方式为"居中对齐"，垂直对齐方式为"居中"，单元格的背景颜色设为"#DCCA9A"，如下左图所示。

Step 20 将光标移到需要创建可编辑区域的位置，如下右图所示。

Step 21 执行"插入>模板对象>可编辑区域"命令，弹出"新建可编辑区域"对话框，在"名称"文本框中输入可编辑区域的名称，如下左图所示。

Step 22 设置完成后单击"确定"按钮返回。将光标移到可编辑区域Edite_Text内，删除原有文本。保存模板文件，模板创建完成，效果如下右图所示。

接下来利用前面创建的模板来设计网页，其具体的应用过程介绍如下。

Step 01 启动Dreamweaver，执行"文件>新建"命令，弹出"新建文档"对话框，在"模板中的页"选项面板中选择"个人Blog"选项，在站点中选择index模板，如下左图所示。

Step 02 设置完成后单击"创建"按钮，创建一个应用Index模板的网页。接着执行"文件>另存为"命令，将网页命名为"四大发明.html"，单击"保存"按钮，保存文档，如下右图所示。

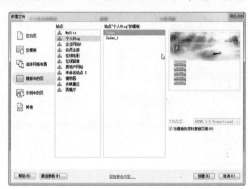

Step 03 将光标移到"四大发明.html"网页的可编辑区域中，执行"插入>表格"命令，插入一个5行1列的表格，如下左图所示。

Step 04 选中当前列，在"属性"面板中设置水平对齐方式为"左对齐"，垂直对齐方式设为"顶端"，如下右图所示。

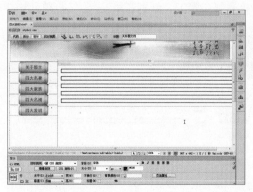

Step 05 将光标移到表格的第1行单元格中，输入文本并选中该文本。在"属性"面板中，将目标规则设为"新CSS规则"，单击"编辑规则"按钮。在弹出的"新建CSS规则"对话框中，输入"选择器名称"为".style_text"，设置"规则定义"为"新建样式表文件"，并命名为"style1.css"，如下左图所示。

Step 06 单击"确定"按钮，打开".style_text的CSS规则定义（在style1.css中）"对话框，选择"类型"选项，然后设置字体为"宋体"、大小为"12"像素、字体样式为"normal"，字体粗细为"normal"，行高为"16"像素，字体颜色为"#000"，如下右图所示。

Step 07 切换到"区块"选项卡，然后设置文本缩进为"2"ems（大概2个字符宽度），如下左图所示。

Step 08 单击"确定"按钮，将.style_text样式应用到第1行单元格中，如下右图所示。

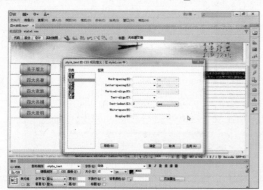 

Step 09 将光标移到第2行单元格中，输入文本并选中该文本。在"属性"面板中，将目标规则设为"style_text"，将定义好的样式应用到当前文本上，如下左图所示。

Step 10 重复步骤07，分别在第3、4、5行单元格中输入文本，设置样式，效果如下右图所示。

1. 选择题

（1）下面哪个是 Dreamweaver CS6 的模板文件的扩展名（　　）。

　　A..html　　　　　　　　B..htm　　　　　　　　　C..dwt　　　　　　　　　D..txt

（2）在下列选项中，库项目不能包含的是（　　）。

　　A. 表格　　　　　　　　B. 表单　　　　　　　　　C. 样式表　　　　　　　　D. 图像

（3）在创建模板时，下面关于可编辑区域的说法正确的是（　　）。

　　A. 只有定义了可编辑区才能把它应用到网页上

　　B. 在编辑模板时，可编辑区域是可以编辑的，不可编辑区域是不可以编辑的

　　C. 一般把共同特征的标题和标签设置为可编辑区

　　D. 以上说法都错

2. 填空题

（1）创建模板可以基于新文档创建＿＿＿＿＿＿＿，也可以基于现有文档将网页保存为模板。

（2）模板文件最显著的特征就是包括＿＿＿＿＿＿和＿＿＿＿＿＿，在应用模板文档中，只能修

　　改＿＿＿＿＿＿。

（3）在应用模板网页时，有时需要对模板的不可编辑区域进行编辑，只需要将该页面从＿＿＿＿，

　　就可以进行修改。

（4）网站中的需要重复使用或经常更新的页面元素存入库中，存入库中的元素称为＿＿＿＿＿。

3. 上机题

通过本章学习，制作一个如下图所示的模板网页。

操作提示

① 应用表格布局网页。

② 创建可编辑区域。

③ 保存模板页面。

Chapter 09

使用行为创建动感网页

Dreamweaver提供了一种称为"行为"的机制来构建页面中的交互行为。行为，就是在网页中进行一系列动作，通过这些动作实现用户与页面的交互。利用行为，设计人员不需要过多书写代码，就可以实现丰富的动态页面效果，达到用户与页面的交互。

服务客户

重点难点

- 网页中创建行为的方式
- 网页中利用行为制作图像特效的方法
- 网页中利用行为显示文本的方法
- 网页中利用行为控制表单的方法

Section
01

什么是行为

Dreamweaver中的行为是一系列JavaScript程序的集成。利用行为可以使网页制作人员不用编程就能实现程序动作。它包括两部分的内容：一部分是事件，另一部分是动作。动作是预先设定的、特定的JavaScript程序，只要有事件发生，该程序就会自动运行。在Dreamweaver中，行为主要是通过"行为"面板来控制的。

Dreamweaver提供了丰富的行为，通过这些行为的设置能为网页对象添加一些动态效果和简单的交互功能，为使那些不熟悉JavaScript的网页设计师可以方便地设计出通过复杂的JavaScript语言才能实现的功能提供了方便。如果熟悉JavaScript，还可以编写一些特定的行为来使用。

01 行为

Dreamweaver CS6中的行为将JavaScript代码放置在文档中，这样浏览者就可以通过多种方式更改Web页，或者启动某些任务。行为是某个事件和由该事件触发的动作的组合。在"行为"面板中，可以先指定一个动作，然后再指定触发该动作的事件，以此将行为添加到页面中。

在将行为附加到某个页面元素之后，每当该元素的某个事件发生时，行为即会调用与这一事件关联的动作（JavaScript代码）。例如，如果将"弹出消息"动作附加到一个链接上，并指定它将由onMouseOver事件触发，则只要将光标放在该链接上，就会弹出消息。

动作是一段预先编写好的JavaScript代码，可用于执行诸如以下的任务：打开浏览器窗口、显示或隐藏AP元素、播放声音或停止播放Adobe Shockwave影片。Dreamweaver中的动作提供了最大程度的跨浏览器兼容性。

每个浏览器都提供一组事件，这些事件可以与"行为"面板的动作菜单中列出的动作相关联。当浏览者与网页进行交互时，浏览器生成事件，这些事件可用于调用引起动作发生的JavaScript函数。Dreamweaver CS6提供了许多可以使用这些事件触发的常用动作。如果要将行为附加到某个图像，则一些事件显示在括号中。

在Dreamweaver中可以添加的动作如表9-1所示。

表9-1 Dreamweaver中可添加的动作

动作	说明
调用JavaScript	调用JavaScript函数
改变属性	选择对象的属性
拖动AP元素	允许在浏览器中自由拖动AP Div
转到URL	可以转到特定的站点或网页文档上
隐藏弹出式菜单	隐藏在Dreamweaver上制作的弹出窗口

动作	说明
跳转菜单	可以创建若干个链接的跳转菜单
跳转菜单开始	跳转菜单中选定要移动的站点之后，只有单击"GO"按钮才可以移动到链接的站点上
打开浏览器窗口	在新窗口中打开URL
弹出信息	设置的事件发生之后，弹出警告信息
预先载入图像	为了在浏览器中快速显示图片，事先下载图片之后显示出来
设置框架文本	在选定的帧上显示指定的内容
设置状态栏文本	在状态栏中显示指定的内容
设置文本域文字	在文本字段区域显示指定的内容
显示弹出式菜单	菜单显示弹出式菜单
显示-隐藏元素	显示或隐藏特定的AP Div
交换图像	发生设置的事件后，用其他图片来替代选定的图片
恢复交换图像	在运用交换图像动作之后，显示原来的图片
检查表单	在检查表单文档有效性的时候使用
设置导航栏图像	制作由图片组成菜单的导航条

02　事件

　　每个浏览器都提供一组事件，这些事件可以与"行为"面板的动作（＋）弹出菜单中列出的动作相关联。当网页的浏览者与页面进行交互时（例如单击某个图像），浏览器会生成事件，这些事件可用于调用执行动作的JavaScript函数。Dreamweaver提供多个可通过这些事件触发的常用动作。

　　根据所选对象和在"显示事件"子菜单中指定的浏览器的不同，"事件"菜单中显示的事件也会有所不同。若要查明对于给定页面元素中给定的浏览器支持哪些事件，在文档中插入该页面元素并向其附加一个行为，然后查看"行为"面板中的"事件"菜单。如果页面中尚不存在相关的对象或所选的对象不能接收事件，则菜单中的事件将处于禁用状态（灰显）。如果未显示所需的事件，可检查是否选择了正确的对象，或者在"显示事件"子菜单中更改目标浏览器。

　　如果要将行为附加到某个图像，则一些事件（例如onMouseOver）会显示在括号中，表示这些事件仅用于链接。当选择其中之一时，Dreamweaver在图像周围使用<a>标签来定义一个空链接。在属性检查器的"链接"文本框中，该空链接表示为javascript:;。如果要将其变为一个指向另一页面的真正链接，可以更改链接值，但是如果删除了JavaScript链接而没有用另一个链接来替换它，则将删除该行为。

03　常见事件的使用

　　网页事件分为不同的种类，有的与鼠标有关，有的与键盘有关，有的事件还和网页相关，如网页下载完毕、网页切换等。对于同一个对象，不同版本的浏览器支持的事件种类和多少也是不一样的。例如想应用单击图像时跳转到特定网站的行为，则需要把事件指定为单击瞬间onClick。Dreamweaver提供的事件种类如表9-2所示。

表9-2 Dreamweaver中提供的事件种类

事件	说明
onAbort	在浏览器中停止加载网页文档的操作时发生的事件
onMove	移动窗口或框架时发生的事件
onLoad	选定的客体显示在浏览器上时发生的事件
onResize	浏览者改变窗口或框架的大小时发生的事件
onUnLoad	浏览者退出网页文档时发生的事件
onClick	用鼠标单击选定的要素时发生的事件
onBlur	光标移动到窗口或框架外侧等非激活状态时发生的事件
onDragDrop	拖动选定的要素后放开鼠标左键时发生的事件
onDragStart	拖动选定的要素时发生的事件
onFocus	光标到窗口或框架中处于激活状态时发生的事件
onMouseDown	单击鼠标左键时发生的事件
onMouseMove	光标经过选定的要素上面时发生的事件
onMouseOut	光标离开选定的要素上面时发生的事件
onMouseOver	光标在选定的要素上面时发生的事件
onMouseUp	放开按住的鼠标左键时发生的事件
onScroll	浏览者在浏览器中移动了滚动条时发生的事件
onKeyDown	键盘上某个按键被按下时触发此事件
onKeyPress	键盘上某个按键被按下并且释放时触发此事件
onKeyUp	放开按下的键盘上的指定键时发生的事件
onAfterUpdate	表单文档的内容被更新时发生的事件
onBeforeUpdate	表单文档的项目发生变化时发生的事件
onChange	浏览者更改表单文档的初始设定值时发生的事件
onReset	把表单文档重新设定为初始值时发生的事件
onSubmit	浏览者传送表单文档时发生的事件
onSelect	浏览者选择文本区域中的内容时发生的事件
onError	加载网页文档的过程中发生错误时发生的事件
onFilterChange	应用到选定要素上的滤镜被更改时发生的事件
onFinish	结束移动文字（Marquee）功能时发生的事件
onStart	开始移动文字（Marquee）功能时发生的事件

在Dreamweaver中，可以为整个页面、表格、链接、图像、表单或其他任何HTML元素增加行为，最后由浏览器决定是否执行这些行为。在页面中添加行为的具体步骤如下。

Step 01 首先应选择一个对象元素，例如单击选中文档窗口底部的页面元素标签<body>。

Step 02 单击"行为"面板中的"添加行为"按钮，在打开的菜单中选择一种行为。选择行为后，一般会打开一个参数设置对话框，根据需要完成设置。

Step 03 单击"确定"按钮，这时在"行为"面板中将显示添加的事件及对应的动作。

Step 04 如果要设置其他的触发事件，可以单击事件列表右边的下拉按钮，打开事件下拉列表，从中选择一个需要的事件。

Section 02　利用行为调节浏览器窗口

使用"行为"面板可以调节浏览器，如打开浏览器窗口、调用脚本、转到URL等各种效果，下面将讲述其具体应用。

01　打开浏览器窗口

使用"打开浏览器窗口"行为可在一个新的窗口中打开页面，并通过对"打开浏览器窗口"对话框进行设置来指定新窗口的属性（包括其大小）、特性（它是否可以调整大小、是否具有菜单栏等）和名称等。使用此行为可以在浏览者单击缩略图时，在一个单独的窗口中打开一个较大的图像，也可以使新窗口与该图像恰好一样大。

如果不指定该窗口的任何属性，在打开时它的大小和属性将与打开它的窗口相同。指定窗口的任何属性都将自动关闭所有其他未明确打开的属性。例如，如果不为窗口设置任何属性，它将以1024像素 x 768像素的大小打开，并具有导航条（显示"后退""前进""主页"和"重新加载"按钮）、地址工具栏（显示URL）、状态栏（位于窗口底部，显示状态消息）和菜单栏（显示"文件""编辑""查看"和其他菜单）。而如果将宽度明确设置为640，高度设置为480，但不设置其他属性，则该窗口将以640像素 × 480像素的大小打开，并且不具有工具栏。

> **知识链接**　"打开浏览器窗口"对话框
>
> - 要显示的URL：填入浏览器窗口中要打开链接的路径，可以单击"浏览"按钮找到要在浏览器窗口打开的文件。
> - 窗口宽度：设置窗口的宽度。
> - 窗口高度：设置窗口的高度。
> - 属性：设置打开浏览器窗口的一些参数。"导航工具栏"为包含导航条；"菜单条"为包含菜单条；"地址工具栏"为在打开浏览器窗口中显示地址栏；"需要时使用滚动条"为如果窗口中内容超出窗口大小，则显示滚动条；"状态栏"为在弹出的窗口中显示滚动条；"调整大小手柄"为浏览者可以调整窗口大小。
> - 窗口名称：给当前窗口命名。

创建"打开浏览器窗口"行为的具体操作步骤如下。

Step 01 选中一个对象，单击"行为"面板中的"添加行为"按钮，在弹出的下拉菜单中选择"打开浏览器窗口"命令，弹出"打开浏览器窗口"对话框，如下左图所示。

Step 02 在该对话框中单击"要显示的URL"文本框右边的"浏览"按钮，在弹出的"选择文件"对话框中选择文件，单击"确定"按钮，添加相应的内容，如下中图所示。

Step 03 单击"确定"按钮，将行为添加到"行为"面板，如下右图所示。

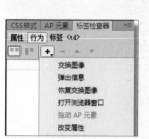  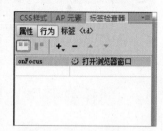

知识链接　认识"行为"面板

　　"行为"面板的作用是为网页元素添加动作和事件，使网页具有互动的效果。行为实质上是事件和动作的合成体。在"行为"面板中包含四种按钮，即添加行为按钮、删除行为按钮、向上移动行为按钮、向下移动行为按钮。

02　调用脚本

　　"调用JavaScript"行为在事件发生时执行自定义的函数或JavaScript代码行。可以自己编写JavaScript，也可以使用Web上各种免费的JavaScript库中提供的代码。调用JavaScript动作允许使用"行为"面板指定一个自定义功能，或当发生某个事件时应该执行的一段JavaScript代码。

Step 01 选中文档窗口底部的<body>标签，执行"窗口>行为"命令，打开"行为"面板，在"行为"面板中单击"添加行为"按钮，在弹出的菜单中选择"调用JavaScript"命令，弹出"调用JavaScript"对话框，如右图所示。

Step 02 在文本框中输入JavaScript代码，然后单击"确定"按钮，将行为添加到"行为"面板。

03　转到URL

　　"转到URL"行为可在当前窗口或指定的框架中打开一个新页。此行为适用于通过一次单击更改两个或多个框架的内容。通常的链接是在单击后跳转到相应的网页文档中，但是"转到URL"动作在把光标放上后或者双击时，都可以设置不同的事件来加以链接。

Step 01 选中对象，打开"行为"面板单击"添加行为"按钮，在弹出的菜单中选择"转到URL"命令，弹出"转到URL"对话框，如右图所示。

Step 02 输入相应的内容后，单击"确定"按钮。然后在"行为"面板中设置一个合适的事件。

知识链接 在"转到URL"对话框中可进行的设置

- 打开在：选择打开链接的窗口。如果是框架网页，选择打开链接的框架。
- URL：输入链接的地址，也可以单击"浏览"按钮在本地硬盘中查找链接的文件。

04 创建打开浏览器窗口网页

创建"打开浏览器窗口"动作后，打开当前网页的同时也将打开一个新的窗口，还可以编辑浏览窗口的大小、名称、状态栏和菜单栏等属性。创建打开浏览器窗口网页的原始网页和效果如下图所示。

创建打开浏览器窗口网页的操作步骤如下。

Step 01 执行"文件>打开"命令，在弹出的对话框中选择要打开的文档，单击"打开"按钮，打开网页文档。单击文档窗口底部的<body>标签，如下左图所示。

Step 02 执行"窗口>行为"命令，打开"行为"面板，单击面板中的"添加行为"按钮，在弹出的菜单中选择"打开浏览器窗口"命令，如下右图所示。

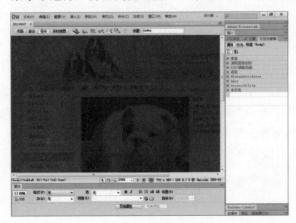

Step 03 弹出"打开浏览器窗口"对话框，单击"要显示的URL"文本框右侧的"浏览"按钮，如下左图所示。

Step 04 弹出"选择文件"对话框，在对话框中选择相应的文件，如下右图所示。

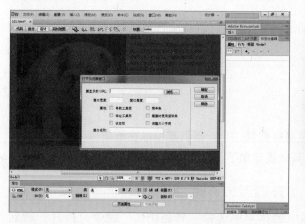 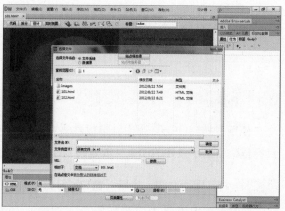

Step 05 单击"确定"按钮，添加文件到"要显示的URL"文本框，在对话框中将"窗口宽度"设置为150，"窗口高度"设置为200，并勾选"调整大小手柄"复选框，如下左图所示。

Step 06 完成设置后单击"确定"按钮，关闭"打开浏览器窗口"对话框，即可添加文件到"行为"面板中，如下右图所示。最后保存文档，按F12键可以在浏览器中预览其效果。

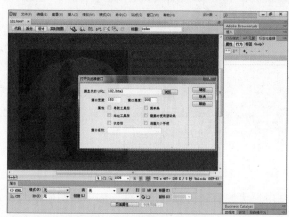 

实际操作中会遇到很多在打开网页的同时弹出一些信息窗口（如招聘启事）或广告窗口的情形，其实它们使用的都是Dreamweaver行为中的"打开浏览器窗口"动作。

专家技巧　打开浏览器窗口网页代码

首先在\<head\>与\</head\>内定义一个函数，window.open用来创建一个弹出式窗口；theurl是网页的地址；winname是网页所在窗口的名字；features是窗口的属性。

```
01 <head>
02 <title></title>
03 <script type="text/javascript">
04 function MM_openBrWindow(theURL,winName,features) { //v2.0
05 window.open(theURL,winName,features);}
```

06 </script>

07 </head>

在body中利用onLoad事件，当加载网页时，弹出网页窗口文件，并且设置窗口的属性，代码
如下所示：

01 <body onLoad="MM_openBrWindow('images/104.jpg','','resizable=yes,

02 width=270,height=300')">

05　创建转到URL网页

　　使用"转到URL"动作，可以在当前页面中设置转到的URL。当页面中存在框架时，可以指定在
目标框架中显示设定的URL，创建转到URL网页的具体操作如下。

Step 01 打开网页文档，执行"窗口>行为"命令，打开"行为"面板，如下左图所示。

Step 02 在面板中单击"添加行为"按钮，在弹出的菜单中选择"转到URL"命令，打开"转到
URL"对话框，如下右图所示。

Step 03 在对话框中单击"浏览"按钮，弹出'选择文件'对话框，选择文件，如下左图所示。

Step 04 单击"确定"按钮，返回"转到URL"对话框中，可以看到已添加了文件，如下右图所示。

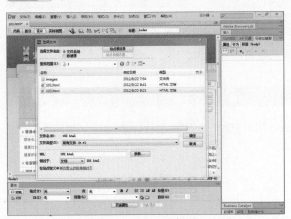

Step 05 单击"确定"按钮，关闭"转到URL"对话框。将此行为添加到"行为"面板中，如下左图所示。

Step 06 保存文档，按F12键可在浏览器中预览跳转效果，如下右图所示。

专家技巧 转到URL网页代码

首先在<head>与</head>内定义一个M_goToURL函数。

```
01 <head>
02 <title></title>
03 <script type="text/javascript">
04 function M_goToURL() { //v3.0
05 var i, args=M_goToURL.arguments; document.M_returnValue = false;
0 6 for ( i = 0 ; i < ( args.length-1); i + = 2 ) eval ( args [ i ] + " . location = ' " + args [ i +1]+" ' ");
07 }
08 </script>
09 </head>
```

接着在body内利用onLoad事件加载网页时，在当前窗口调用index1.html网页。

```
<body onLoad="M_goToURL('parent','index1.html');return document.M_returnValue">
```

执行"文件>新建"命令，弹出"新建文档"对话框，选择"HTML"，单击"创建"按钮。

06 调用JavaScript创建自动关闭网页

"调用JavaScript"动作允许使用"行为"面板，指定当前某个事件应该执行的自定义函数或JavaScript代码行。调用JavaScript创建自动关闭网页的具体操作如下。

Step 01 打开网页文档，单击选中文档窗口底部的<body>标签，如右图所示。

Step 02 在"行为"面板中单击的"添加行为"按钮，在弹出的菜单中选择"调用JavaScript"命令，在文本框中输入"window.close()"，如下左图所示。

Step 03 单击"确定"按钮，将行为添加到"行为"面板，如下左图所示。

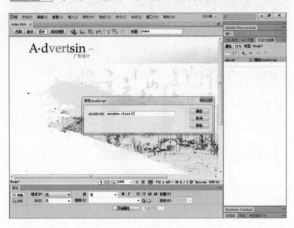 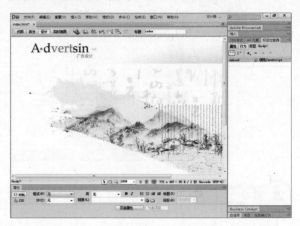

Step 04 保存文档，按F12键可在浏览器中预览此效果，如右图所示。

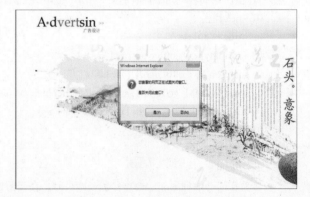

专家技巧　自动关闭网页代码

首先在<head>与</head>内定义一个MM_callJ(jsSt)函数。

```
01 <head>
02 <title></title>
03 <script type="text/javascript">
04 function MM_callJ(jsSt) {
05 return eval(jsSt)
06 }
07 </script>
08 </head>
```

接着在body中利用onLoad事件加载MM_callJ(jsSt)函数，用来关闭网页。

`<body onLoad="MM_callJ('window.close()')">`

JavaScript语言可以嵌入到HTML中，在客户端执行，是动态特效网页设计的最佳选择，同时也是浏览器普遍支持的网页脚本语言。JavaScript的出现使得信息和用户之间不仅是一种显示和浏览的关系，还具有一种实时的、动态的、可交式的表达能力。

利用行为制作图像特效

设计人员利用行为可以使对象产生各种特效。下面介绍交换图像与恢复交换图像、预载入图像以及拖动AP元素等行为的使用。

01 交换图像与恢复交换图像

交换图像就是当光标经过图像时，原图像会变成另外一张图像。一个交换图像其实是由两张图像组成的：第一图像（页面初始显示时的图像）和交换图像（当光标经过第一图像时显示的图像）。组成图像交换的两张图像必须有相同的尺寸。如果两张图像的尺寸不同，Dreamweaver会自动将第二张图像的尺寸调整为与第一张图像同样大小。

Step 01 打开"行为"面板，单击"添加行为"按钮，并从弹出的菜单中选择"交换图像"命令，如下左图所示。

Step 02 弹出"交换图像"对话框，单击"设定原始文档为"文本框右侧的"浏览"按钮，在弹出的对话框中选择文件，然后单击"确定"按钮即可，如下右图所示。

知识链接 认识"交换图像"对话框

- 图像：在列表中选择要更改其源的图像。
- 设定原始档为：单击"浏览"按钮选择新图像文件，文本框中显示新图像的路径和文件名。
- 预先载入图像：勾选该复选框，在载入网页时，新图像将载入到浏览器的缓冲中，防止当图像该出现时由于下载而导致的延迟。

利用"鼠标滑开时恢复图像"动作，可以将所有被替换显示的图像恢复为原始图像。一般来说，在设置"交换图像"动作时会自动添加"交换图像恢复"动作，这样当光标离开对象时就会自动恢复原始图像。其具体操作步骤如下。

Step 01 选中页面中附加了"交换图像"行为的对象。单击"行为"面板中的"添加行为"按钮，并从弹出的菜单中选择"恢复交换图像"命令，如下左图所示。

Step 02 弹出"恢复交换图像"对话框。在该对话框上没有可以设置的选项，直接单击"确定"按钮，即可为对象附加"恢复交换图像"行为。在"行为"面板中选择需要的事件，最后单击"确定"按钮即可，如下右图所示。

 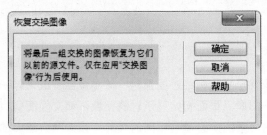

02 预载入图像

一个网页中包含很多图像，但有些图像在网页下载时不能被同时下载，此时若需要显示这些图像，浏览器会再次向服务器发出请求指令继续下载图像，这样就会给网页的浏览造成一定程度的延迟。而使用"预先载入图像"动作就可以把一些图像预先载入浏览器的缓冲区内，这样可以避免在下载时出现延迟。创建预先载入图像的具体操作步骤如下。

Step 01 选中要附加行为的对象，单击"行为"面板中的"添加行为"按钮，在弹出的菜单中选择"预先载入图像"命令，弹出"预先载入图像"对话框，如下左图所示。

Step 02 单击"图像源文件"文本框右侧的"浏览"按钮，在弹出的"选择图像源文件"对话框中选择文件，添加路径及图像名称至文本框中，如下右图所示。

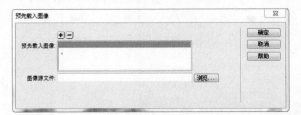 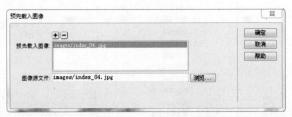

> 🔄 **知识链接** 认识"预先载入图像"对话框
>
> - 预先载入图像：在列表中列出所有需要预先载入的图像。
> - 图像源文件：单击"浏览"按钮，选择要预先载入的图像文件，或者在文本框中直接输入图像的路径和文件名。
> - 单击列表上面的添加按钮，添加图像至列表中。重复该操作，可将所有需要预先载入的图像都添加到列表中。若要删除某个图像，在列表中选中该图像，然后单击删除按钮即可。

03 拖动AP元素

"拖动AP元素"行为可让浏览者拖动绝对定位的AP元素。使用此行为可创建拼板游戏、滑块控件和其他可移动的界面元素。

　　该行为可以指定以下内容：浏览者可以向哪个方向拖动AP元素（水平、垂直或任意方向）；浏览者应将AP元素拖动到的目标；当AP元素距离目标在一定数目的像素范围内时，是否将AP元素靠齐到目标；当AP元素命中目标时应执行的操作等。因为必须先调用"拖动AP元素"行为，浏览者才能拖动AP元素，所以需先将"拖动AP元素"行为附加到body对象（使用onLoad事件）。

Step 01 在"行为"面板中单击"添加行为"按钮，在弹出的菜单中选择"拖动AP元素"命令，弹出"拖动 AP 元素"对话框，如下左图所示。

Step 02 在对话框中进行相应的设置，单击"确定"按钮，将行为添加到"行为"面板，如下右图所示。

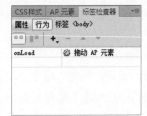

知识链接　认识"拖动AP元素"对话框

- 在"AP元素"下拉列表中选择要使其可拖动的AP元素。
- 从"移动"下拉列表中选择"限制"或"不限制"选项。 不限制移动适用于拼板游戏和其他拖放游戏；而对于滑块控件和可移动的布景（例如文件抽屉、窗帘和小百叶窗），则选择限制移动。
- "放下目标"对于限制移动，在"上""下""左"和"右"框中输入值（以像素为单位）。这些值是相对于 AP 元素的起始位置而言。如果限制在矩形区域中的移动，则在所有四个框中都输入正值。若要只允许垂直移动，则在"上"和"下"文本框中输入正值，在"左"和"右"文本框中输入 0。单击"取得目前位置"按钮，可使用 AP 元素的当前位置自动填充这些文本框。
- 在"靠齐距离"文本框中输入一个值（以像素为单位），以确定浏览者必须将 AP 元素拖到距离拖放目标多近时，才能使 AP 元素靠齐到目标。 设置为较大的值可以使浏览者较容易找到拖放目标。

Section 04　利用行为显示文本

设计人员利用行为可以添加各种文本特效。下面介绍弹出信息、设置状态栏文本、设置容器的文本、设置文本域文本以及设置框架文本等行为的使用。

01　弹出信息

　　"弹出信息"动作的作用是在特定的事件被触发时弹出信息框，能够给浏览者提供动态的导航功能等，创建"弹出信息"动作的具体操作步骤如下。

Step 01 单击文档窗口底部的<body>标签，执行"窗口>行为"命令，打开"行为"面板，单击"添加行为"按钮，在弹出的菜单中选择"弹出信息"命令，弹出"弹出信息"对话框。

Step 02 在对话框中的"消息"文本框中输入内容，如右图所示。最后单击"确定"按钮，将行为添加到"行为"面板。

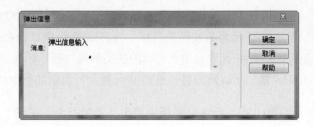

02 设置状态栏文本

"设置状态栏文本"动作可以在浏览器窗口底部左侧的状态栏中显示消息。

Step 01 打开要加入状态栏文本的网页，并且选择左下角的<body>标签。

Step 02 执行"窗口>行为"命令，打开"行为"面板，单击添加行为按钮，在弹出的菜单中执行"设置文本>设置状态栏文本"命令，弹出"设置状态栏文本"对话框。

Step 03 在对话框中的"消息"文本框中输入要在状态栏中显示的文本，如右图所示，单击"确定"按钮，添加行为。

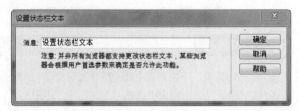

03 设置容器的文本

设置容器的文本用于包含AP元素的页面，可动态改变AP元素的文本内容，具体操作步骤如下。

Step 01 在包含AP Div元素的网页文档中选中AP Div。在"属性"面板中设置AP Div的名称，并选择要应用此行为的对象。

Step 02 在"行为"面板中单击添加按钮，在弹出的菜单中执行"设置文本>设置容器文本"命令，弹出"设置容器的文本"对话框，设置完成后单击"确定"按钮，如右图所示。

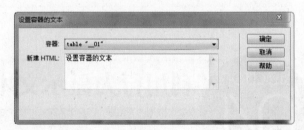

04 设置文本域文字

使用"设置文本域文字"动作可以设置文本域内输入的文字，具体操作步骤如下。

Step 01 选择文本域，单击"行为"面板中的"添加行为"按钮，在弹出的菜单中选择"设置文本>设置文本域文字"命令，弹出"设置文本域文字"对话框，如下右图所示。

Step 02 设置完成后单击"确定"按钮，将行为添加到"行为"面板，在事件中选择事件。

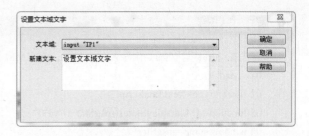

知识链接 认识"设置文本域文字"对话框

● 文本域：选择要设置的文本域。
● 新建文本：在文本框中输入文本。

05 设置框架文本

　　"设置框架文本"动作用于包含框架结构的页面，可以动态改变框架的文本、转变框架的显示、替换框架的内容，具体操作步骤如下。

Step 01 新建或打开一个框架页面，然后单击"行为"面板中的"添加行为"按钮，在弹出的菜单中选择"设置文本>设置框架文本"命令，弹出"设置框架文本"对话框。

Step 02 在"设置框架文本"对话框中进行设置，在"框架"下拉列表中选择mailframe主框架，在"新建HTML"文本框中输入HTML替换代码，如右图所示。设置完成后单击"确定"按钮，在"行为"面板中添加行为，并选择合适的事件。

06 设置状态栏文本

　　"设置状态栏文本"行为用于设置状态栏显示的信息，表现当某些事件触发后，会在状态栏中显示的信息。"设置状态栏文本"动作的作用与弹出信息动作很相似，不同的是如果使用消息框来显示文本，浏览者必须单击"确定"按钮才可以浏览网页中的内容。而在状态栏中显示的文本信息不会影响浏览者的浏览速度。

Step 01 打开网页文档，单击选中文档窗口底部的<body>标签。打开"行为"面板，单击"添加行为"按钮，在弹出的菜单中选择"设置文本>设置状态栏文本"命令，弹出"设置状态栏文本"对话框，在该对话框中设置相应的参数，如下左图所示。

Step 02 单击"确定"按钮，在事件中选择onMouseOver，如下右图所示。最后保存文档，按F12键在浏览器中预览效果。

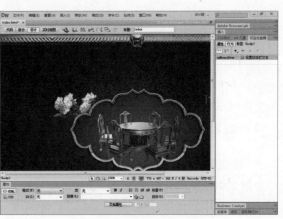

Section 05 利用行为控制表单

除了可以对文本和图像应用行为外，设计人员还可以对表单应用行为。下面讲述跳转菜单和跳转菜单开始以及检查表单等行为的使用。

01 跳转菜单

使用"跳转菜单"动作，可以编辑和重新排列菜单项、更改要跳转到的文件以及编辑文件的窗口等。如果页面中尚无跳转菜单对象，则要创建一个跳转菜单对象，其具体操作步骤如下。

Step 01 执行"插入>表单>跳转菜单"命令，插入跳转菜单，如右图所示。

Step 02 选中该跳转菜单，单击"行为"面板中的"添加行为"按钮，在弹出的菜单中选择"跳转菜单"命令，弹出"跳转菜单"对话框。

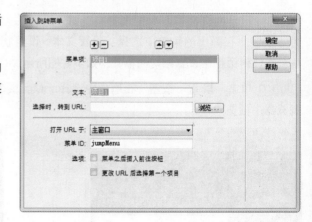

02 检查表单

"检查表单"行为可检查指定文本域的内容以确保用户输入的数据类型正确。通过onBlur事件将此行为附加到单独的文本字段，以便用户填写表单时验证这些字段，或通过onSubmit事件将此行为附加到表单，以便用户单击"提交"按钮时同时计算多个文本字段。将此行为附加到表单可以防止在提交表单时出现无效数据。

　　执行"窗口>行为"命令，打开"行为"面板，单击"添加行为"按钮，在弹出的菜单中选择"检查表单"命令，弹出"检查表单"对话框，如下右图所示。

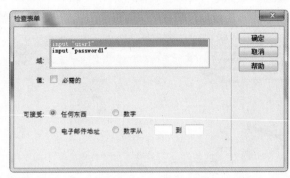

知识链接　认识"检查表单"对话框

- 域：在文本框中选择要检查的一个文本域。
- 值：如果该文本必须包含某种数据，则勾选"必需的"复选框。
- 可接受：包括"任何东西""电子邮件地址""数字"和"数字从"等选项。

设计师训练营　交换图像网页效果的设计

　　下面通过实例来讲述创建交换图像，光标未经过图像时的效果如下左图所示，当光标经过图像时的效果如下右图所示。

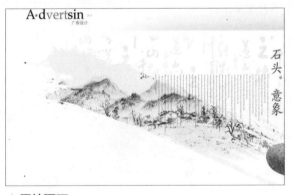

▲原始页面

▲鼠标经过时页面

Step 01 打开网页文档，选中要交换的图像，如下左图所示。

Step 02 打开"行为"面板，在面板中单击"添加行为"按钮，在弹出的菜单中选择"交换图像"命令，如下右图所示。

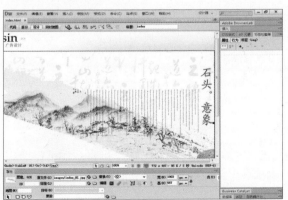

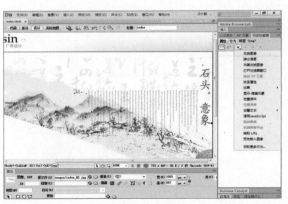

Step 03 弹出"交换图像"对话框，在"图像"列表框中输入要交换的图像名称。单击"浏览"按钮弹出"选择图像源文件"对话框，在对话框中选择相应的图像文件"images/index_04.jpg"，如下左图所示。

Step 04 单击"确定"按钮，在"设定原始档为"文本框中显示新图像的路径和文件名，勾选"预先载入图像"复选框，在载入页时将新图像载入到浏览器的缓存中，如下右图所示。

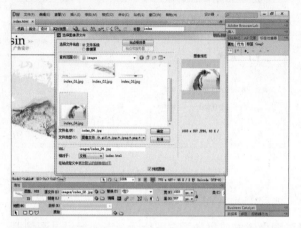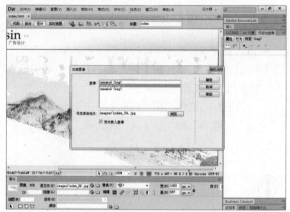

Step 05 单击"确定"按钮，将行为添加到"行为"面板中，如下左图所示。

Step 06 保存文档，按F12键在浏览器中预览效果，如下右图所示。

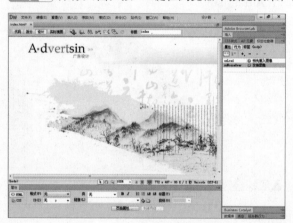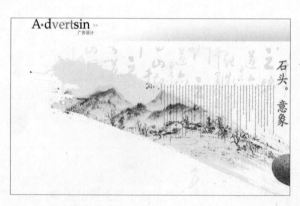

课后练习

1. 选择题

(1) 如果想在打开一个页面的同时弹出另一个新窗口，应该进行的设置是（　　）。

　　A. 在"行为"面板中选择"弹出信息"

　　B. 在"行为"面板中选择"打开浏览器窗口"

　　C. 在"行为"面板中选择"转到 URL"

　　D. 在"行为"面板中选择"显示弹出式菜单"

(2) \<img src="name" align="left"\> 的意思是（　　）。

　　A. 图像向左对齐　　　B. 图像向右对齐　　　　C. 图像与底部对齐　　　D. 图像与顶部对齐

(3) 在 Dreamweaver CS6 中，行为是由（　　）构成。

　　A. 动作　　　　　　B. 事件和动作　　　　　C. 初级行为　　　　　　D. 最终动作

2. 填空题

(1) "标签检查器"面板的作用是显示当前用户选择的网页对象的各种＿＿＿＿＿＿，以及在该网页对象上应用的＿＿＿＿＿。

(2) 菜单栏构件是一组可导航的＿＿＿＿＿＿，当站点访问者将鼠标悬停在其中的某个按钮上时，将显示相应的子菜单。

(3) JavaScript 是 Netscape 公司开发的一种基于＿＿＿＿＿和＿＿＿＿＿驱动并具有相对安全性的客户端脚本语言。

3. 上机题

请使用已经学过的知识制作弹出信息效果。

操作提示

① 单击文档窗口底部的\<body\>标签，执行"窗口>行为"命令，打开"行为"面板，单击"添加行为"按钮，在弹出的菜单中选择"弹出信息"命令，弹出"弹出信息"对话框。

② 在对话框中的"消息"文本框中输入内容。

③ 单击"确定"按钮，将行为添加到"行为"面板。

④ 按F12键在浏览器中预览最终效果即可。

Chapter 10

制作动态网页

传统静态网页只是被动地显示数据，主要采由HTML、JavaScript等技术实现，而动态网页可以实现网页和用户之间的交互，按照用户的需求动态显示网页内容。本章主要从表单设计、站点服务器构建、数据库创建以及编程访问数据集等方面给大家介绍动态网页制作过程。

重点难点

- IIS7安装和配置
- 数据库的创建
- 数据源的创建
- 编辑数据表记录

Section 01 使用表单

表单是用户和服务器之间的桥梁，目的是收集用户信息。动态网页中需要交互的内容都需要添加到表单中，由用户填写，然后提交给服务器端脚本程序执行，并将执行的结果以网页形式反馈到用户浏览器。所以学会使用表单是制作动态网页的第一步。

01 认识表单

表单，也称为表单域，可以被看成一个容器，其中可以存储其他对象，例如文本域、密码域、单选按钮、复选框、列表以及提交按钮等，这些对象也被称为表单对象。制作动态网页时，需要首先插入表单，然后在表单中继续插入其他表单对象。如果执行顺序反过来，或没有将表单对象插入到表单中，则数据不能被提交到服务器，这一点也是初学者最容易忽略的问题。

在Dreamweaver中插入表单和表单对象很简单，可以通过执行"插入>表单"命令，在弹出的子菜单中选择要插入的表单对象或表单菜单即可，也可以通过执行"窗口>插入"命令，将"插入"面板切换到"表单"视图，选择插入的表单对象或表单按钮。下面对"插入"面板的"表单"视图上的表单对象进行说明，如右图所示。

- 表单：插入一个表单。其他表单对象必须放在该表单标签之间。
- 文本字段：插入一个文本域，用户可以在文本域中输入字母或数字，可以是单行或多行，或者作为密码文本域，将用户输入的密码以"*"字符显示。
- 隐藏域：插入一个区域，该区域可以存储信息，但是不能显示在网页中。
- 文本区域：插入一个多行文本域，接受用户大容量文本信息的录入。
- 复选框：插入一个复选框选项，接受用户的选择，可以选中也可以取消。
- 复选框组：插入一组带有复选框的选项，可以同时选中一项或多项，可同时接受用户的多项选择。
- 单选按钮：插入一个单选按钮选项，接受用户的选择。
- 单选按钮组：插入一组单选按钮，同一组内容单选按钮只能有一个被选中，接受用户的惟一选择。
- 选择（列表/菜单）：插入一个列表或者菜单，将选择项以列表或菜单形式显示，方便用户操作。
- 跳转菜单：单击选项实现页面的跳转，如友情链接等。
- 图像域：可以使用指定的图像作为提交按钮。
- 文件域：用于获取本地文件或文件夹的路径。
- 按钮：插入一个按钮，单击该按钮可以执行相应操作，按钮执行的动作有"提交表单""重设表单"和"无"。"提交表单"可以将表单数据提交到服务器端，"重设表单"可以将表单中的各输入对象恢复初值，"无"则会在本地计算机上执行自定义函数。

● 标签：提供一种在结构上将域的文本标签和该域关联起来的方法。

● 字段集：是一个容器标签，可以将表单对象组织在一起显示。

02 创建注册页面

在制作像用户登录、会员注册、信息查询、人员信息维护等页面时，就需要在网页中插入表单和表单对象，通过表单可以获取用户输入的信息并提交给服务器，服务器端会有相应程序接受提交的数据并对其进行处理，然后将处理结果以网页形式发送到用户浏览器。这里通过某购物网站的会员注册页面的制作，介绍如何在网页中插入表单及表单对象，具体操作步骤介绍如下。

Step 01 启动Dreamweaver CS6，打开网页文档，将光标移到表单插入位置，如下左图所示。

Step 02 执行"窗口>插入"命令，并切换到"表单"面板，单击"表单"按钮，如下右图所示。

Step 03 将光标移到表单中，执行"插入>表格"命令，在表单中插入一个8行2列表格。表格宽度设为"500"像素，边距设为"10"，边框和填充设为"0"，对齐方式设为"居中对齐"，如下左图所示。

Step 04 选中表格第1列，将水平对齐方式设为"左对齐"，垂直对齐方式设为"居中"，宽度设为"150"像素，高度设为"30"，背景颜色设为"#FB99C8"。同样的方法设置表格第2列，效果如下右图所示。

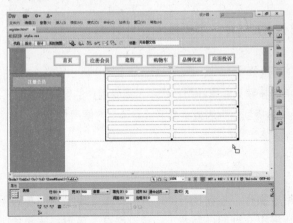 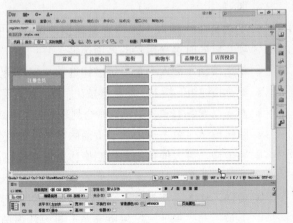

Step 05 将光标移到表格的第1行第1列中，输入文字。在"插入"面板中，单击"文本字段"按钮，弹出"输入标签辅助功能属性"对话框，设置ID为"txt_zh"。在表格的第1行第2列单元格中插入一个文本框，如下左图所示。

Step 06 选中刚插入的文本字段，在"属性"面板中，设置字符宽度为"25"，最多字符数为"15"，类型设为"单行"，如下右图所示。

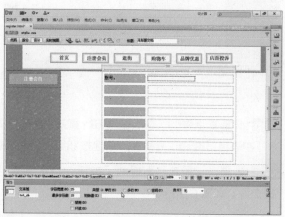

Step 07 重复步骤03、04，在表格第2行第2列插入文本字段，设置ID为"txt_mm"，类型为"密码"；在表格第3行第2列插入文本字段，设置ID为"txt_mm1"，类型为"密码"，如下左图所示。

Step 08 将光标移到第4行第1列，输入文字，在"插入"面板中单击"单选按钮组"，在第4行第2列插入单选按钮组，弹出"单选按钮组"对话框，名称设为"RadioGroup1"，将单选按钮标签分别设为"男""女"，单击"确定"按钮，如下右图所示。

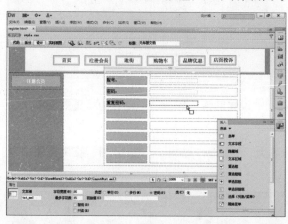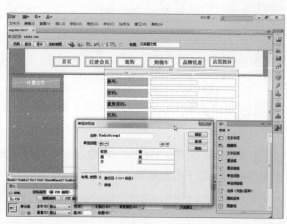

Step 09 选中"男"单选按钮，在"属性"面板中选中"已勾选"，如下左图所示。

Step 10 接着将光标移到第5行第1列输入文本，在"插入"面板中单击"选择（列表/菜单）"按钮，在第5行第2列单元格中插入"选择（列表/菜单）"，设置ID为"select_hy"，类型为"菜单"，单击"列表值"按钮，弹出"列表值"对话框，单击"增加"按钮，设置项目标签为"计算机"，值为"0"。同样的方法增加其他项目标签，单击"确定"按钮。返回到"属性"面板中，设定"初始化时选定"值为"计算机"。

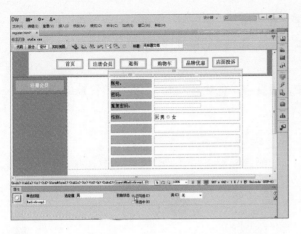 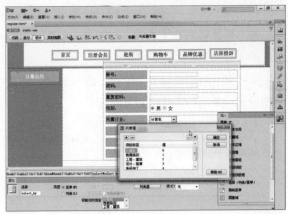

Step 11 重复步骤03、04，在第6行第2列插入"文本字段"，设置ID为"txt_email"。重复步骤08、09，在表格第7行第2列插入"单选按钮组"，将"已阅读"单选按钮设为"已勾选"，如下左图所示。

Step 12 单击"插入"面板的"按钮"，在第8行第2列插入提交按钮，设置ID为"submit"，动作为"提交"，如下右图所示。

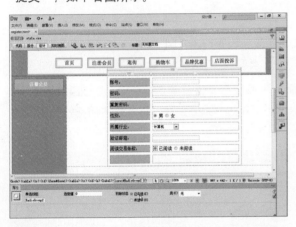 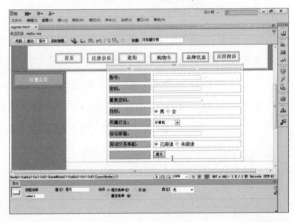

Step 13 重复步骤10，在当前单元格中继续插入"按钮"，设置ID为"reset"，动作为"重置表单"，如下左图所示。

Step 14 执行"文件>另存为"命令，将当前网页重命名为"register1.html"。按F12键，在浏览器中浏览最终效果，如下右图所示。

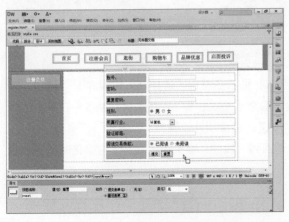 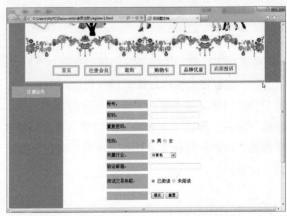

Section 02 搭建服务器平台

网站制作完毕，测试没有问题，就需要发布到网络上以供用户浏览访问，这时就需要安装和配置Web服务器。

Web服务器也称为WWW（World Wide Web）服务器，主要功能是提供网上信息浏览服务，是 Internet 的多媒体信息查询工具，主要负责站点的发布、运行及维护等管理。任何计算机上只要安装了提供WWW服务的Web服务器软件，就都可以充当Web服务器。目前常用的Web服务器软件有IIS（Internet Information Services）、Apache以及Tomcat等。

IIS是一款由Miscrosoft研发，运行在Windows平台下的Web服务器软件，它是Windows操作系统系列自带的一个重要系统组件，不需要额外购买。默认情况下，IIS组件是不安装在操作系统中的，需要手动安装。IIS软件主要负责ASP网站以及ASP.NET网站的发布运行管理。如果想要发布JSP网站，则需要创建和配置Apache或Tomcat服务器。

本书主要采用ASP技术构建动态网站，需要在计算机上安装并配置IIS。

01 安装IIS7

IIS7是指在Windows Server 2008、Windows Server 2008 R2、Windows Vista和Windows 7的某些版本中所包含的IIS版本。与以前IIS版本相比，IIS7是经过重新设计，可以通过添加或删除模块来自定义Web服务器，以满足不同用户的特定需求，其安装步骤如下。

Step 01 执行"开始>控制面板>程序"命令，在"程序和功能"选项中单击"打开或关闭Windows功能"，如下左图所示。

Step 02 弹出"Windows功能"对话框，在列表中选中"Internet信息服务"前的复选框，展开"应用程序开发功能"选项，选中"ASP"和"ISAPI扩展"，其他选项按照系统默认选择即可，单击"确定"按钮，如下右图所示。

知识链接 IIS7的卸载方法

卸载IIS7非常简单，只要在"Windows功能"对话框中取消选中"Internet信息服务"，然后单击"确定"按钮即可，IIS7卸载完毕需要重新启动计算机保存配置。

Step 03 弹出"Microsoft Windows"信息提示框，开始安装IIS7。安装结束，会在系统盘下创建inetpub文件夹，如下左图所示。

Step 04 打开IE浏览器，输入http://localhost网址，如果能成功显示IIS7的欢迎界面，则说明安装成功，如下右图所示。

 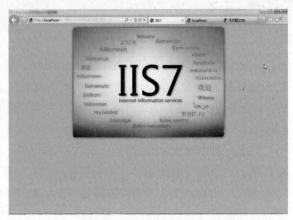

02 配置IIS7服务器

IIS7安装完成，必须进行配置才能使用。具体配置操作步骤如下。

Step 01 执行"程序>控制面板>系统和安全>管理工具"命令，在"管理工具"面板中，单击"Internet 信息服务(IIS)管理器"，即可打开IIS本地控制台窗口。

Step 02 在IIS控制台窗口中，展开左边"连接"面板选项，单击"Default Web Site"选项，在中间"筛选"面板中，选择"功能视图"，会显示已安装的IIS模块。然后单击"ASP"模块图标，在右边"操作"面板中单击"基本设置"，如下左图所示。

Step 03 弹出"编辑网站"对话框，在"物理路径"文本框中输入网站的实际存储路径，IIS会将该路径下的网页发布到网络中。默认情况下，IIS会将"%SytemDrive%\inetpub\ wwwroot"作为网站发布路径，单击"确定"按钮，如下右图所示。

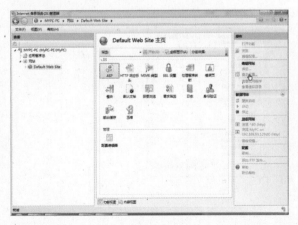 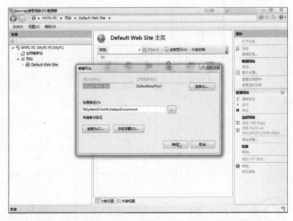

Step 04 单击左边"连接"面板的"Default Web Site"图标，返回上一层功能视图，在中间"筛选"面板中，双击"ASP"模块图标，将"启用父路径"值更改为"True"，然后单击右边"操作"面板中的"启用"，IIS会保存更改，如下左图所示。

Step 05 单击左边“连接”面板的“Default Web Site”图标，返回上一层功能视图，在中间“筛选”面板中双击“目录浏览”，在“操作”面板中单击“启用”，允许站点根目录信息被浏览，如下右图所示。

Step 06 如果想让浏览器在输入网站URL后，自动打开网站首页，需要设置“默认文档”。双击“默认文档”，在右边“操作”面板中单击“添加”，在弹出的对话框中输入网站首页，单击“确定”按钮，如下左图所示。

Step 07 在左边“连接”面板中，选中“Default Web Site”图标，单击鼠标右键选择“编辑绑定”，如下右图所示。

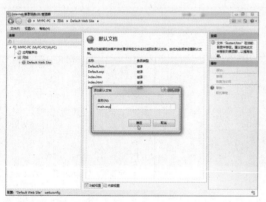 

Step 08 打开“网站绑定”对话框，单击“添加”按钮，输入发布网站的IP地址以及主机名，单击“确定”按钮，如下左图所示。

Step 09 IIS服务器设置完成，就可以启动Web服务器。在“连接”面板中，选中“Default Web Site”图标单击鼠标右键，在弹出的菜单中选择“管理网站>启动”，如下右图所示。

Step 10 将main.asp网页复制到网站发布路径下，默认的发布路径是系统盘根目录下"inetpub/wwwroot"文件夹，返回到IIS控制台窗口，单击左边"Default Web Site"图标，在中间选择"内容视图"，会看到当前网站的根目录下的所有文件及文件夹，如下左图所示。

Step 11 打开IE，输入"192.168.89.128"，会直接打开main.asp网页。IIS配置成功，效果如下右图所示。

链接数据库

数据库是存储在一起的相关数据的集合，这些数据可以是数字、文本、日期、货币或字节等。在构建动态网站时，需要将网页中涉及的大部分数据按照一定的组织形式存储到数据库中，如果更改数据库中的数据，则网站显示的内容自动更新。

目前使用最多的数据库有Access、SQLServer以及Oracle。小型公司多使用Access数据库，中等公司会选择SQLServer数据库，只有像银行、证券公司等需要存储和管理大量的数据时，才会使用Oracle数据库。

01 创建数据库

Access数据库是Microsoft Office软件的一个重要组成，在安装Microsoft Office软件时作为可选安装选项。在Access中，一个数据库就是一个文件，携带方便，管理简单。Access 2010创建的数据库后缀变化为.accdb。

下面将介绍Microsoft Access 2010数据库的创建步骤，具体操作如下。

Step 01 启动Microsoft Access 2010软件，在可用模板中双击"空数据库"选项，如右图所示。

Step 02 在左边选择"表1"选项，单击鼠标右键，在弹出的菜单中选择"设计视图"，如下左图所示。

Step 03 弹出"另存为"对话框，为新建表命名为"表1"，单击"确定"按钮，如下右图所示。

 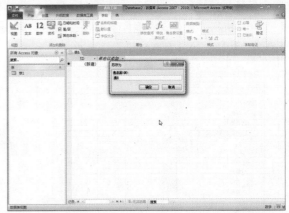

Step 04 弹出"表1"窗体。在该窗口中输入"字段名称"和字段对应的"数据类型"，并设置id为主键，如下左图所示。

Step 05 关闭"表1"窗体，弹出"Microsoft Access"信息提示框，提示保存修改，如下右图所示。

 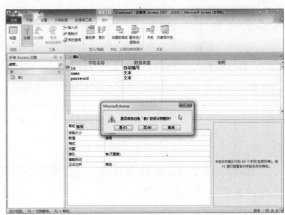

Step 06 单击"确定"按钮，表1创建成功，如下左图所示。

Step 07 在左边选择"表1"选项，单击鼠标右键，在弹出的菜单中选择"打开"选项，显示"表1"全部存储的记录数据。可以直接在空白行中手动录入新记录的字段内容，如下右图所示。

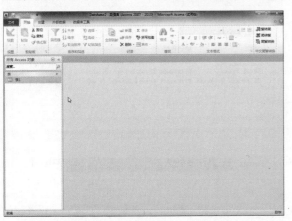 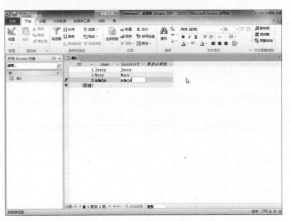

Step 08 在左边选择"表1"选项，单击鼠标右键，在弹出的菜单中选择"设计视图"选项，则会打开"表1"的字段设计窗体，直接在要修改的字段中更新内容即可。然后执行"文件>保存"命令，对修改的结果进行保存，如下左图所示。

Step 09 执行"文件>数据库另存为"命令，弹出"另存为"对话框，输入数据库名称及路径，单击"确定"按钮，如下右图所示。

知识链接　　关于Access数据库的深入介绍

　　Access数据库是关系型数据库，所有的数据都存储在表中，每个表都由行和列组成。每一行表示一条记录，每一列表示一个字段。可以对数据表执行增加、删除、修改以及新建操作，为了避免记录重复增加，需要对每个表设置主键。主键在表中主要是惟一标识每条记录。

02　创建ODBC数据源

　　在Access中创建数据表成功，接下来就可以在动态网页中访问和操作该表，这就要首先创建指向该数据库的ODBC数据源。

　　ODBC（Open DataBase Conectivity）是微软公司制定的标准编程接口，只要有相应的ODBC驱动程序，就可以通过ODBC连结操作各种不同的数据库。在Windows 7操作系统中，ODBC数据源主要是通过的ODBC 数据源管理器来完成，下面介绍具体操作步骤。

Step 01 选择"控制面板>系统和安全>管理工具>数据源（ODBC）"选项，弹出"ODBC数据源管理器"对话框，如右图所示。

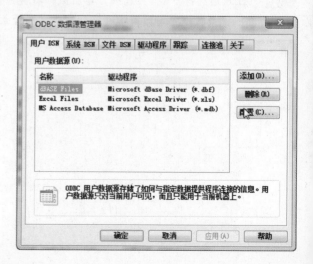

Step 02 切换到"系统DSN"面板中，单击"添加"按钮，弹出"创建新数据源"对话框，在该对话框中选择"Microsoft Access Driver（*.mdb, *.accdb）"选项，单击"完成"按钮，如下左图所示。

Step 03 弹出"ODBC Microsoft Access安装"对话框，在"数据源名"文本框中输入要创建的数据源名称，然后单击"选择"按钮，如下右图所示。

Step 04 在弹出的"选择数据库"对话框中选择数据库路径，如下左图所示。

Step 05 单击"确定"按钮，返回到"ODBC Microsoft Access安装"对话框。在该对话框中单击"确定"按钮，返回到"ODBC数据源管理器"对话框，可以看到刚才创建的ODBC数据源，即ODBC数据源就创建成功，如下右图所示。

03 使用DSN创建ADO连接

创建ODBC数据源就是创建DSN（Data Source Names），即数据源名称，按照其保存方式和作用范围，DSN可分为三种：用户DSN、系统DSN和文件DSN。文件DSN保存在单独的文件中，该文件可以在网络范围内共享；用户DSN保存在注册表中，只对当前用户可见；系统DSN保存在注册表中，但对系统中的所有用户可见。在Windows 7系统中，如果数据库和Dreamweaver CS6软件分别安装在不同用户系统中，则需要在创建ODBC数据源中创建"系统DSN"。

DSN存储了要访问的数据库位置、对应的ODBC驱动程序以及其他访问该数据库相关信息，例如授权的账号及密码等。使用Dreamweaver CS6创建动态网页访问数据库，需要使用DSN创建ADO连接。ADO是Microsoft开发出来的用于在ASP代码中访问数据库的一种技术。使用DSN创建ADO连接具体步骤如下。

Step 01 启动Dreamweaver CS6，执行"窗口>数据库"命令，打开"数据库"面板。在面板中单击 按钮，从下拉菜单中选择"数据源名称（DSN）"，如右图所示。

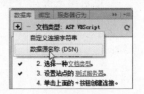

Step 02 弹出"数据源名称（DSN）"对话框，在"连接名称"中输入"conn"，在"数据源名称（DSN）"中输入"MyDB1"，选中"使用本地DSN"选项，如下左图所示。

Step 03 单击"测试"按钮，如果成功会弹出"Dreamweaver"提示对话框，说明成功建立与数据库的连接，如下右图所示。

Step 04 单击"确定"按钮，返回到"数据库"面板，就可以看到新建的连接，如右图所示。

专家技巧 上述操作注意事项

　　在执行步骤01之前，应确保已经创建了一个包含ASP网页的站点并为该站点设置好了站点服务器，并在Dreamweaver CS6中打开要使用数据库的网页文件，否则"数据库"面板上的按钮不可用。

Section 04 编辑数据表记录

　　数据库中的表记录是不能直接显示在ASP网页上的，需要配合记录集。记录集是从指定数据库中检索到的数据的集合。它可以包括完整的数据库表，也可以包括表的行和列的子集。记录集中存储的数据位于服务器的临时内存中，以便进行快速数据检索。

　　在ASP网页中，对数据库的各种操作是通过执行SQL语句完成的。SQL（Structured Query Language）也称为结构化查询语言，是一种对关系数据库中的数据进行定义和操作的语言，是大多数关系数据库所支持的工业标准。

01　创建记录集

　　记录集主要用于数据查询，当需要在ASP网页中显示数据库中表的记录时，就需要创建记录集，具体步骤如下。

Step 01 执行"窗口>数据库"命令，打开"数据库"面板，切换到"绑定"选项卡，单击⊞按钮，在下拉菜单中选择"记录集（查询）"，如右图所示。

Step 02 弹出"记录集"对话框，设置相关属性，如下左图所示。

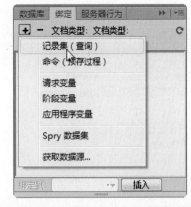

Step 03 单击"测试"按钮，会将记录集中所检索到的全部记录显示出来，单击"确定"按钮返回到"记录集"对话框，单击"确定"按钮。记录集创建成功，如下右图所示。

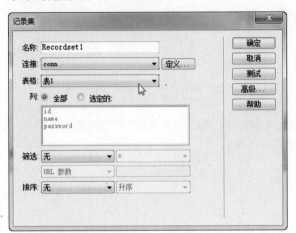

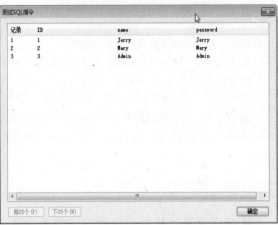

🔄 **知识链接** 认识"记录集"对话框

● 名称：指定要创建的记录集的名称。
● 连接：指定要使用哪个连接访问数据库，如果没有可用的连接，单击"定义..."按钮，定义新的连接。
● 表格：指定记录集将要返回的那个数据表的数据。
● 列：选择"全部"选项，记录集会返回选中表格包含的所有字段的记录；选择"选定的"选项，记录集会返回包含选定字段的记录。
● 筛选：设置记录集中所包含的符合筛选条件的记录。
● 排序：设置记录集的显示顺序。

02 插入记录

插入记录是在数据库中增加一条新记录，例如"会员注册"，当用户填写完会员基本信息，然后单击"注册"按钮，就需要在数据库中执行插入记录操作。在Dreamweaver CS6中，插入记录操作需要添加"插入记录"服务器行为，具体操作步骤如下。

Step 01 执行"窗口>服务器行为"命令，打开"服务器行为"面板，在面板中单击⊞按钮，在展开的下拉菜单中选择"插入记录"命令，弹出"插入记录"对话框，如下左图所示。

Step 02 设置完成后单击"确定"按钮，在"服务器行为"面板中会显示"插入记录"行为，如下右图所示。

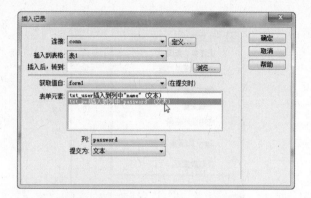 

03　更新记录

　　更新记录是对数据表中指定记录的对应字段内容进行修改操作，例如用户修改密码。在
Dreamweaver CS6中，更新记录操作需要添加"更新记录"服务器行为，具体操作步骤如下。

Step 01 执行"窗口>服务器行为"命令，打开"服务器行为"面板，在面板中单击 ➕ 按钮，在展开的下
拉菜单中选择"更新记录"命令，弹出"更新记录"对话框，如下左图所示。

Step 02 从中设置相关属性，设置完成后单击"确定"按钮，在"服务器行为"面板中会显示"更新记
录"行为，如下右图所示。

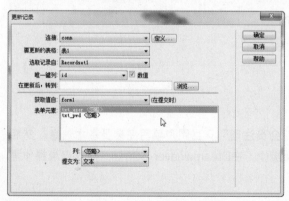 

- 选取记录自：指定页面绑定的记录集。
- 唯一键列：指定关键列，进行更新时按照这个关键列及值进行。如果该列中的值为数字，则选中数值复选框。
- 在更新后，转到：指定更新成功后跳转到的目标网页，如果不输入网址，则更新记录后刷新当前页面。
- 获取值自：指定页面中提交表单的名称。
- 表单元素：指定提交的表单元素，选中要更新的表单元素选项，在"列"下拉列表中选择要更新的字段名称，在"提交为"下拉列表中选择要更新的数据所属的数据类型。

04 删除记录

删除记录是对数据表中记录进行删除，例如删除某个产品信息。在Dreamweaver CS6中，删除记录操作需要添加"删除记录"服务器行为，具体操作步骤如下。

Step 01 执行"窗口>服务器行为"命令，打开"服务器行为"面板，在面板中单击 + 按钮，在展开的下拉菜单中选择"删除记录"命令，弹出"删除记录"对话框，如右图所示。

Step 02 从中设置相关属性，设置完成后单击"确定"按钮，在"服务器行为"面板中会显示"更新记录"行为，如下图所示。

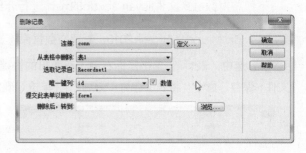

知识链接 认识"删除记录"对话框

- 连接：指定数据库删除所使用的连接。
- 从表格中删除：指定对哪个表执行删除记录操作。
- 选取记录自：指定页面绑定的记录集。
- 唯一键列：指定要删除记录所在的表的关键字字段。
- 提交此表单以删除：指定提交删除操作的表单名称。
- 删除后，转到：指定删除成功后跳转到的目标网页，如果不输入网址，则删除记录后刷新当前页面。

设计师训练营 创建在线留言系统

下面将介绍一个在线留言系统的设计。在线留言系统是基于ASP的动态交互网站，用户不需要登录就可以在Index.asp页面中浏览所有用户的留言信息，在fabiao.asp页面发表留言内容，以及在detail.asp页面中查看详细的留言内容。

▲ fabiao.asp

▲ Index.asp

▲ detail.asp

1. 设计数据库

下面将对数据库文件liuyan.accdb的设计进行介绍，具体操作步骤如下。

Step 01 启动Microsoft Access 2010，新建空数据库，如下左图所示。

Step 02 选中"表1"，单击鼠标右键，在弹出的快捷菜单中选择"设计视图"选项。设计表结构，执行"文件>保存"命令，将表保存为"liuyan"，单击"确定"按钮，如下右图所示。

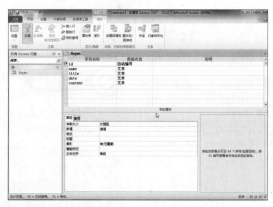

Step 03 关闭liuyan表设计视图窗口，执行"文件>数据库另存为"命令，弹出"另存为"对话框，输入数据库名称及路径，单击"确定"按钮，如下左图所示。

Step 04 执行"程序>控制面板>系统和安全>管理工具>数据源（ODBC）"命令，弹出"ODBC数据源管理器"对话框，切换到"系统 DSN"选项卡，单击"添加"按钮，如下右图所示。

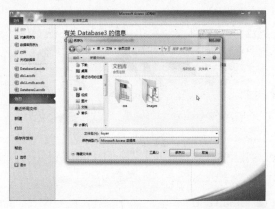

Step 05 打开"创建新数据源"对话框，选择"Microsoft Access Driver（*.mdb，*.accdb）"选项，单击"完成"按钮，如下左图所示。

Step 06 打开"ODBC Microsoft Access 安装"对话框，指定"数据源名"为"liuyan"，单击左边"选择"按钮，弹出"选择数据库"对话框，指定要连接的数据库liuyan.mdb文件，然后分别单击"确定"按钮，如下右图所示。数据源创建完成。

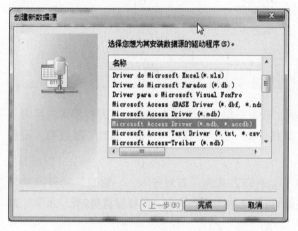

2. 制作留言发布页面（fabiao.asp）

下面将对留言发布页面的设计进行介绍，具体操作步骤如下。

Step 01 启动Dreamweaver CS6，执行"站点>管理站点"命令，打开"在线留言"站点。执行"窗口>文件"命令，打开"文件"面板，双击"Index.html"文件，如下左图所示。

Step 02 将光标移到右边单元格内，执行"插入>表格"命令，插入一个2行1列的表格，设置表格宽度为"100%"，如下右图所示。

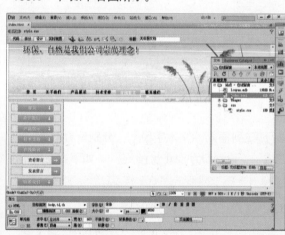

Step 03 将光标移到表格的第1行单元格，在"属性"面板中，设置单元格"水平"对齐方式为"左对齐"，"垂直"对齐方式为"居中"，"高"为"30"，"背景颜色"为"#DBD0BC"。在第1行单元格中输入"首页>发表留言"文字，如下左图所示。

Step 04 将光标移到第2行单元格中，在"属性"面板中，设置"水平"对齐方式为"居中对齐"，"垂直"对齐方式为"顶端"，"高"为"600"，如下右图所示。

Step 05 执行"窗口>插入"命令，打开"插入"面板，在当前单元格内插入表单。将光标移到表单内，执行"插入>表格"命令，插入一个5行2列的表格，表格"宽"设为"600"。在"属性"面板中，设置"对齐"为"居中对齐"，如下左图所示。

Step 06 选中第1列，在"属性"面板中，设置"水平"对齐方式为"右对齐"，"垂直"对齐方式为"居中"，"宽"为"200"，"高"为"20"，并在第1列单元格内输入文字。同样设置第2列"水平"对齐方式为"左对齐"，"垂直"对齐方式为"居中"，"高"为"20"，如下右图所示。

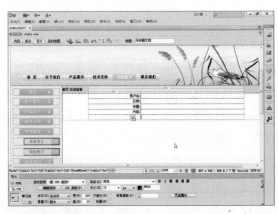

Step 07 将光标移到第1行第2列单元格中，打开"插入"面板，插入一个文本字段，设置ID为"txt_user"，如下左图所示。

Step 08 重复步骤06，分别在表格的第2行第2列、第3行第2列插入"文本字段"，分别设置ID为"txt_date"和"txt_title"。在表格的第4行第2列插入"文本区域"，设置ID为"txt_content"，如下右图所示。

Step 09 将光标移到第4行第1列，在"属性"面板中，将"垂直"对齐方式修改为"顶端"。同时选中第5行，执行"修改>表格>合并单元格"命令，将第5行第1列和第2列合并成1个单元格，并在"属性"面板中设置单元格的"水平"对齐方式为"居中对齐"。然后重复步骤06，在当前单元格中插入"提交"按钮和"重置"按钮，如下左图所示。

Step 10 执行"文件>另存为"命令，弹出"另存为"对话框，设置名称为"fabiao.asp"，单击"保存"按钮，如下右图所示。

Step 11 执行"窗口>数据库"命令，打开"数据库"面板，单击按钮，在展开的下拉菜单中选择"数据源名称（DSN）"选项，如下左图所示。

Step 12 打开"数据源（DSN）"对话框，设置"连接名称"为"conn"，"数据源名称"为"liuyan"，选中"使用本地DSN"，单击"确定"按钮，如下右图所示。

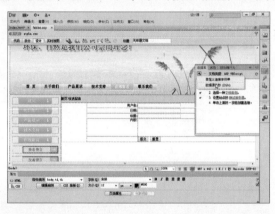 

Step 13 选中状态栏中的<form>标签，执行"窗口>行为"命令，在"行为"面板中单击按钮，在弹出的菜单中选择"检查表单"命令，如右图所示。

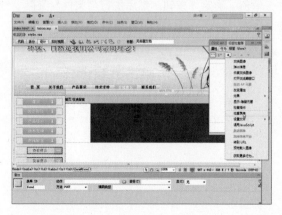

Step 14 弹出"检查表单"对话框，将文本字段txt_user、txt_date、txt_title、txt_content的"值"设置为"必需的"，"可接受"设置为"任何东西"，如下左图所示。

Step 15 执行"窗口>数据库"命令，打开"数据库"面板，切换到"绑定"选项卡，然后单击 按钮，在弹出的下拉菜单中选择"记录集（查询）"选项，如下右图所示。

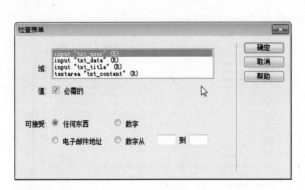

Step 16 弹出"记录集"对话框，设置相关属性，如下左图所示。

Step 17 执行"窗口>服务器行为"命令，在打开的"服务器行为"面板中单击 按钮，在弹出的菜单中选择"插入记录"命令，如下右图所示。

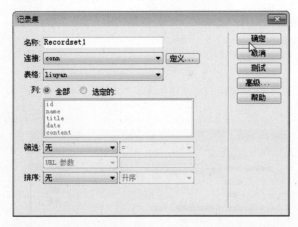
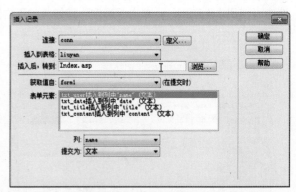

Step 18 打开"插入记录"对话框，设置相关属性，单击"确定"按钮。然后执行"文件>保存"命令，保存fabiao.asp，如右图所示。

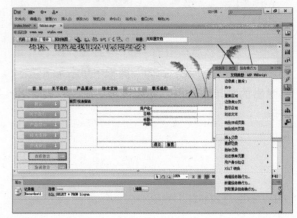

3. 制作留言查看页面（Index.asp）

下面将对留言查看页面的设计进行介绍，具体操作步骤如下。

Step 01 启动Dreamweaver CS6，执行"站点>管理站点"命令，打开"在线留言"站点。执行"窗口>文件"命令，打开"文件"面板，双击"Index.html"文件，如下左图所示。

Step 02 将光标移到右边单元格内，执行"插入>表格"命令，插入一个2行1列的表格，设置表格宽度"100%"，如下右图所示。

Step 03 将光标移到表格的第1行单元格内，在"属性"面板中，设置单元格"水平"对齐方式为"左对齐"，"垂直"对齐方式为"居中"，"高"为"30"，"背景颜色"为"#DBD0BC"。在第1行单元格中输入"首页>查看留言"文字，如下左图所示。

Step 04 将光标移到表格的第2行单元格内，在"属性"面板中，设置"水平"对齐方式为"居中对齐"，"垂直"对齐方式为"顶端"，"高"为"400"，如下右图所示。

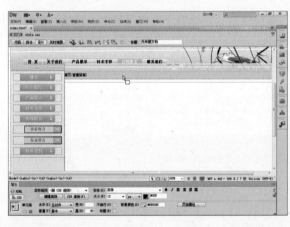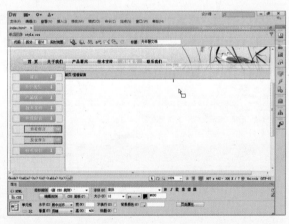

Step 05 执行"插入>表格"命令，在第2行单元格中插入一个2行3列的表格，设置表格宽度为600像素。选中所有单元格，在"属性"面板中，设置"水平"对齐方式为"居中对齐"，"垂直"对齐方式为"居中"，"高"为"20"，分别设置三列单元格的宽度值为"100""300""200"。在第1列中，输入对应文字，如下左图所示。

Step 06 执行"文件>另存为"命令，将当前网页另存为"Index.asp"。执行"窗口>绑定"命令，在打开的"绑定"面板中单击 按钮，在弹出的菜单中选择"记录集（查询）"命令，如下右图所示。

Step 07 弹出"记录集"对话框，设置相关属性，单击"确定"按钮，如下左图所示。

Step 08 在"绑定"面板中，展开记录集，如下右图所示。

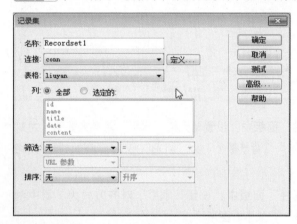
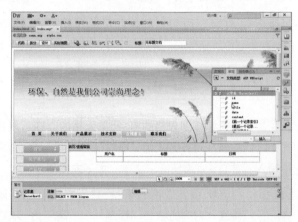

Step 09 将插入点置于第2行第1列中，在记录集中选中name字段，单击右下角的"插入"按钮，绑定字段，如下左图所示。

Step 10 重复步骤09，将记录集中title、date字段绑定到相应单元格中，如下右图所示。

Step 11 选中表格第2行的<tr>标签，在"服务器行为"面板中单击➕按钮，在弹出的菜单中选择"重复区域"命令，如下左图所示。

Step 12 打开"复制区域"对话框，在"记录集"下拉列表中选择Recordset1，"显示"设置为"10记录"，单击"确定"按钮，如下右图所示。

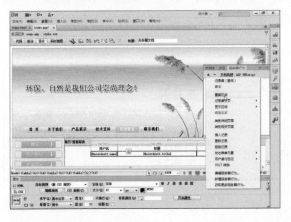

Step 13 将光标移到表格的右边，打开"插入"面板，在"数据"菜单中单击"记录集分页>记录集导航条"按钮，在展开的列表中选择"记录集导航条"命令，如下左图所示。

Step 14 弹出"记录集导航条"对话框中，在"记录集"下拉列表中选择Recordset1，"显示方式"设置为"文本"，如下右图所示。

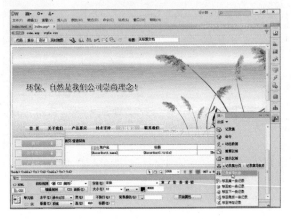
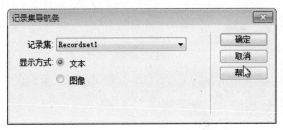

Step 15 单击"确定"按钮，在表格底部插入记录集导航条，如下左图所示。

Step 16 选中第2行第2列单元格中的"{Recordset1.title}"，在"服务器行为"面板中，单击按钮，在弹出的下拉菜单中执行"转到详细页面"命令，如下右图所示。

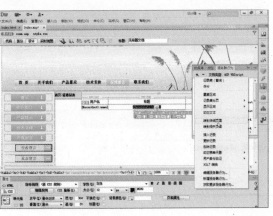

Step 17 弹出"转到详细页面"对话框，设置相关属性，单击"确定"按钮，如下左图所示。

Step 18 将光标移到第2行单元格中，执行"修改>表格>插入行或列"命令，弹出"插入行或列"对话框，设置插入位置为"所选之下"，单击"确定"按钮，如下右图所示，即可在当前行下面插入新行。

Step 19 选中第3行所有单元格，执行"修改>表格>合并单元格"命令，将第3行单元格合并成一个单元格，输入文字"暂无留言"，如下左图所示。

Step 20 选择"暂无留言"，在"服务器行为"面板中，单击 按钮，在下拉菜单中选择"显示区域>如果记录集为空则显示区域"命令，如下右图所示。

Step 21 弹出"如果记录集为空则显示区域"对话框，选择"Recordset1"记录集，如下左图所示。

Step 22 执行"文件>保存"命令，保存Index.asp，如下右图所示。

4. 制作详细留言查看页面（detail.asp）

下面将对详细留言查看页面的设计进行介绍，具体操作步骤如下。

Step 01 启动Dreamweaver CS6，执行"站点>管理站点"命令，打开"在线留言"站点。执行"窗口>文件"命令，打开"文件"面板，双击"Index.html"文件，如下左图所示。

Step 02 将光标移到右边单元格内，执行"插入>表格"命令，插入一个2行1列的表格，设置表格宽度为"100%"，如下右图所示。

 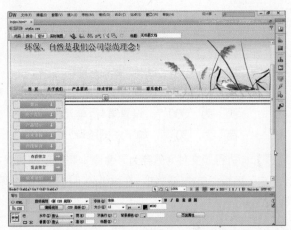

Step 03 将光标移到表格的第1行单元格内，在"属性"面板中，设置单元格"水平"对齐方式为"左对齐"，"垂直"对齐方式为"居中"，"高"为"30"，"背景颜色"为"#DBD0BC"。在第1行单元格中输入"首页>详细留言查看"文字，如下左图所示。

Step 04 将光标移到表格的第2行单元格内，在"属性"面板中，设置"水平"对齐方式为"居中对齐"，"垂直"对齐方式为"顶端"，"高"为"400"，如下右图所示。

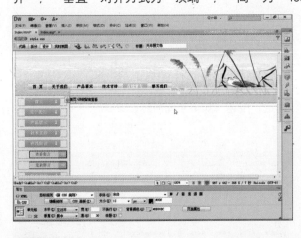 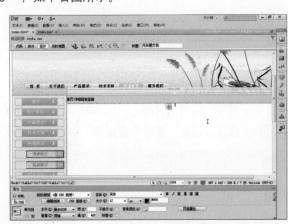

Step 05 执行"插入>表格"命令，在第2行单元格中插入一个4行1列的表格，设置表格宽度为400像素，在"属性"面板中设置"对齐"方式为"居中对齐"，如下左图所示。

Step 06 同时选中第1行和第2行单元格，在"属性"面板中设置"水平"对齐方式为"居中对齐"，"垂直"对齐方式为"居中"，"高"为"30"，如下右图所示。

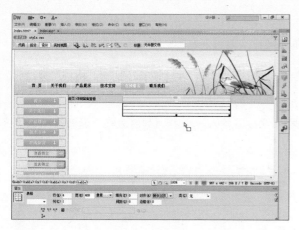 

Step 07 重复步骤06，设置第3行单元格"水平"对齐方式为"左对齐"，"垂直"对齐方式为"顶端"，"高"为"300"。设置第4行单元格"水平"对齐方式为"居中对齐"，"垂直"对齐方式为"居中"，"高"为"30"，如下左图所示。

Step 08 执行"文件>另存为"命令，将当前网页另存为"detail.asp"。执行"窗口>绑定"命令，打开"绑定"面板，单击 按钮，在弹出的下拉菜单中选择"记录集（查询）"，如下右图所示。

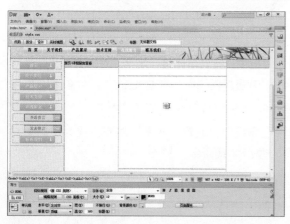 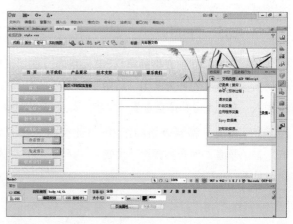

Step 09 弹出"记录集"对话框，"连接"选择"conn"，"表格"选择"liuyan"，"列"选择"全部"，"筛选"选择"id""=""URL参数"，单击"确定"按钮，如下左图所示。

Step 10 展开"绑定"面板中记录集，如下右图所示。

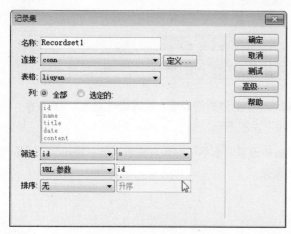 

Step 11 将插入点置于第1行单元格中，在"绑定"面板中，选中title字段，单击右下角的"插入"按钮，绑定字段，如下左图所示。

Step 12 重复步骤11，分别将name、date、content字段绑定到相应的位置，如下右图所示。

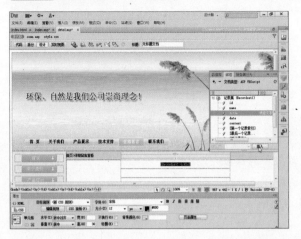 

Step 13 在第4行单元格中，执行"插入>超级链接"命令，弹出"超级链接"对话框，设置超链接文本"返回"，链接目标文档"Index.asp"，目标设为"_self"，单击"确定"按钮，如下左图所示。

Step 14 执行"文件>保存"命令，保存detail.asp，如下右图所示。

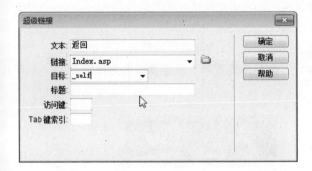 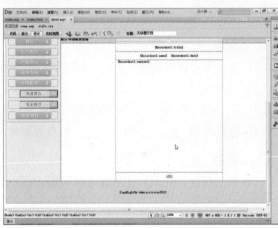

 课后练习

1. 选择题

(1) 下面关于设置文本域的属性说法错误的是（　　）。

　　A. 单行文本域只能输入单行的文本

　　B. 通过设置可以控制单行文本域的高度

　　C. 通过设置可以控制输入单行文本域的最长字符数

　　D. 单行文本域通常提供单字或短语

(2) 下面关于制作跳转菜单的说法错误的是（　　）

　　A. 利用跳转菜单可以使用很小的网页空间来做更多的链接

　　B. 在设置跳转菜单属性时，可以调整各链接的顺序

　　C. 在插入跳转菜单时，可以选择是否加上 Go 按钮

　　D. 默认是有 Go 按钮

(3) 下面对表单的工作过程说法错误的是（　　）。

　　A. 访问者在浏览有表单的网页时，填上必需的信息，然后按某个按钮提交

　　B. 这些信息通过 Internet 传送到服务器上

　　C. 服务器上专门的程序对这些数据进行处理，如果有错误会自动修正错误

　　D. 当数据完整无误后，服务器反馈一个输入完成信息

2. 填空题

(1) 表单是实现网页上_____的基础，作用就是实现访问者与网站之间的交互功能。

(2) 文本域可分为三种：单行文本域、多行文本域和_____。

(3) Access 数据库将数据按类别存储在不同的_____中，以方便数据的管理和维护。

(4) 数据表是_____和_____信息的基本单元，数据库的管理工作都要以表为基础。

3. 上机题

请使用已学过的知识制作留言表单页面。

操作提示

① 利用模板，创建index.html。

② 执行"窗口>插入"命令，打开"插入"面板。

③ 在可编辑区域中插入"表单"对象。

④ 在"表单"对象中插入"表格"。

⑤ 将各个HTML控件插入到表格中。

◀模板页

◀index.html

Chapter

11

制作购物网站

电子商务实现贸易的全球化、直接化、网络化，发展电子商务是不可阻挡的趋势。电子商务可应用于小到个人购物，大至企业经营、国际贸易等诸方面。随着电子商务的飞速发展，网上购物已经成为各商家新的利润增长点。

重点难点

- 创建数据库的方法
- 处理用户数据的方法
- 链接数据库的方法
- 建立系统后台的方法
- 建立系统前台的方法

购物网站概述

在电子商务活动中，全球各地的商业贸易活动在Internet开放的网络环境下，买卖双方可以不会面地进行各种商贸活动，实现网上购物、网上交易和在线电子支付及其相关的综合服务活动。如今在线购物已经成为一种时尚，人们足不出户就可以购买所需的商品，因其具有方便、安全、友好的交互特性，顾客群体在逐渐增加，尤其是网络时代成长起来的年轻人。从整个社会经济运行的角度来讲，电子商务最具长远价值和意义。

01 购物网站主要分类

购物网站就是提供网络购物的站点，足不出户即可购买到所喜欢的商品。目前国内比较知名的专业购物网站有卓越、当当等，提供个人对个人的买卖平台有淘宝、易趣、拍拍等，另外还有许多提供其他各种各样商品出售的网站。购物网站就是为买卖双方交易提供的互联网平台，卖家可以在网站上登出其想出售商品的信息，买家可以从中选择并购买自己需要的物品。

按电子商务的交易对象，购物网站可以分成四类。

1. 企业对消费者的电子商务（B2C）

一般以网络零售业为主，例如经营各种书籍、鲜花和计算机等商品。B2C是商家与顾客之间的商务活动，它是电子商务的一种主要商务形式，消费者通过网络在网上购物，并在网上支付。这种模式节省了客户和企业双方的时间和空间，大大提高了交易效率，节省了不必要的开支。

2. 企业对企业的电子商务（B2B）

它是商家与商家之间的商务活动，也是电子商务的一种主要商务形式。商家可以根据自己的实际情况，以及自己发展电子商务的目标，选择所需的功能系统，组成自己的电子商务网站。

3. 企业对政府的电子商务（B2G）

企业对政府机构包括企业与政府机构之间所有的事务交易处理。政府机构的采购信息可以发布到网上，所有的公司都可以参与交易。这种商务活动覆盖企业与政府组织间的各项事物，主要包括政府采购、网上报关和报税等。

4. 消费者对消费者的电子商务（C2C）

如一些二手市场、跳蚤市场等都是消费者对消费者个人的交易。

02 购物网站主要特点

网上购物作为一种新兴的商业模式，与传统购物模式有很大差别。而每一种新的商业模式，在其出现和发展过程中，都需要具备相应的环境，网络购物也不例外。近年来网络的快速发展，人们对网络更多的需求都为网络购物提供了发展的环境和空间。虽然购物网站的设计形式和布局各种各样，但是也有很多共同之处，下面就总结一下这些共同的特点。

1. 大信息量的页面

购物网站中最为重要的就是商品信息，一个页面中包含的商品信息内容，往往决定了浏览者能够获得的商品信息。在常见的购物网站中，大部分都采用超长的页面布局来显示大量的商品信息。网络商店中的商品种类多，没有商店营业面积限制。它可以包含国内外的各种产品，充分体现了网络无地域的优势。在传统商店中，无论其店铺空间有多大，它所能容纳的商品都是有限的，而对于网络来说，它是商品的展示平台，是一种虚拟的空间，只要有商品，就可以通过网络平台进行展示，可以把所有想要展示的商品全部放在上面，展示在上面。

2. 页面结构设计合理

设计购物网站首先应确定所要展示的商品特点，以合理布局各个板块，并将显著位置留给要重点宣传的栏目或经常更新的栏目，以吸引浏览者的眼球，结合网站栏目在主页导航上的设计来突出层次感，使浏览者渐进接受。

3. 完善的分类体系

一个好的购物网站除了需要大量的商品信息之外，更要有完善的分类体系来展示商品。所有需要销售的商品都可以通过相应的文字和图片来说明。分类目录可以运用一级目录和二级目录相互配合的形式来管理商品，浏览者可以通过单击商品的名称来阅读它的简单描述和价格等信息。如下图所示网页，有着完善的分类，浏览者可以快速查找到所需商品分类。

4. 商品图片的使用

商品展示是购物网站最重要的功能，商品展示系统是一套基于数据库平台的即时发布系统，可用于各类商品的展示、添加、修改和删除等。浏览者在前台可以浏览到商品的所有资料，如商品的图片、市场价、会员价和详细介绍等商品信息。

在购物网站中展示商品最直观有效的方法是使用图片。图片的应用可使网页更加美观、生动，而且图片更是展示商品的一种重要手段，有很多文字无法比拟的优点。使用清晰、色彩饱满且质量良好的图片可增强消费者对商品的信任感，从而引发购买欲望。

5.网上商品价格相对较低

网上的商品与传统商场中的商品相比价格相对便宜，因为网络可以规避一部分传统商场必须支付的费用，所以网络上的商品附加费用很低，商品的价格也就低了。而对C2C购物网站来说，用户通过竞价的方式，很有可能买到更便宜的商品。另外，在传统商场，一般利润率要达到20%以上，商场才可能盈利，而对于网络店铺，利润率在10%就可以盈利了。

6.网络购物没有任何时间限制

作为网络商店，它可以24小时对客户开放，只要用户在需要的时间登陆网站，就可以挑选自己需要的商品。而在传统商店中，消费者大多都要受到营业时间的限制。

7.网络商店成本相对较低

目前专门有公司为企业提供搭建网络购物平台的服务，其目标是使企业以最快的速度、最低的成本、最少的技术投入帮助企业开展网上交易。因此，企业启动网络购物服务的成本很低，有的甚至为零。这对于传统商业来说是无论如何也无法实现的。

03 购物网站工作流程

消费者首先进入网上商店，寻找想购买的商品，浏览产品信息。如果找到合适的商品，就可在网上下单，否则继续浏览该店或进入其他网上商店。若消费者已将要买的商品下单，便可以进入结账程序，通过选择付款方式，如在线支付，使用银行卡或信用卡通过网关授权银行进行付款转账，支付网关保留双方交易数据凭证，并向商户发出发货通知。商户收到发货通知后，通过物流配送组织将商品发送给消费者，消费者收到商品后验收商品，并根据实际需要享受网上商店提供的售后服务。自此，完成购物过程。

创建数据库与数据库链接

在制作具体网站动态功能页面前，首先需要做一项最重要的工作，就是创建数据库表。在数据库、数据库驱动程序和DSN准备就绪之后，在Dreamweaver中创建数据库链接，以便于应用程序对数据库的浏览。

01 创建数据库表

这里创建一个数据库Eshop.mdb，其中包含的表有商品表Products、商品类别表Class和管理员表Admins，表中的字段名称和数据类型分别如表11-1、表11-2、表11-3所示。商品表Products用于存储商品名称、市场价格、会员价格、说明等信息；商品类别表Class用于存储商品类型信息；管理员表Admins用于存储管理员账户、密码等信息。

表11-1 商品表（Products）

字段名称	数据类型	说明
PID	自动编号	编号
name	文本	商品类型名称
CPrice	数字	市场价格
MPrice	数字	会员价格
CID	数字	商品类型编号
content	备注	说明
image	文本	商品图片

表11-2 商品类列表（Class）

字段名称	数据类型	说明
CID	自动编号	编号
name	文本	商品类型名称

表11-3 管理员表（Admins）

字段名称	数据类型	说明
AID	自动编号	编号
name	文本	管理员账户
password	文本	密码

02 创建数据库链接

在建立数据库之前，应先建立一个动态服务器技术的站点，并打开站点内要运用数据库的网页文件，否则按钮显示无效。创建数据库链接的具体操作步骤如下。

Step 01 执行"窗口>数据库"命令，在打开的"数据库"面板中单击 按钮，选择"自定义连接字符串"命令，如下左图所示。

Step 02 弹出"自定义连接字符串"对话框，在"连接名称"文本框中输入"conn"，"连接字符串"文本框中输入代码，单击"确定"按钮，即可成功链接，如下右图所示。

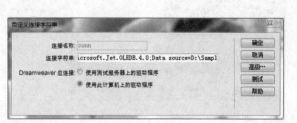

制作系统前台页面

网站前台是指展现给浏览者的页面，这里主要包括商品分类展示页面和商品详细信息页面，下面具体讲述其制作过程。

01 制作商品分类展示页面

商品分类展示页面用于显示网站中的商品，主要利用创建记录集、绑定字段和创建记录集分页服务器行为来制作，具体操作步骤如下。

Step 01 启动Dreamweaver，打开网页文档"class.htm"，另存为"class.asp"，将插入点置于页面中相应的位置，执行"插入记录>表格"命令，插入一个1行1列的表格，将此表格记为"表格1"，如下左图所示。

Step 02 将插入点置于单元格中，插入一个1行2列的表格，将"对齐"方式设置为"保持默认"，"间距"设置为"2"，此表格记为"表格2"，如下右图所示。

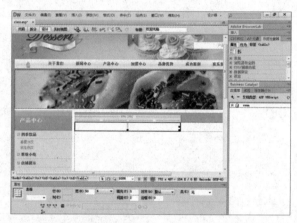

Step 03 将插入点置于第1列单元格中，插入图像16.jpg，如下左图所示。

Step 04 将插入点置于第2列单元格中，输入相应的文字，如下右图所示。

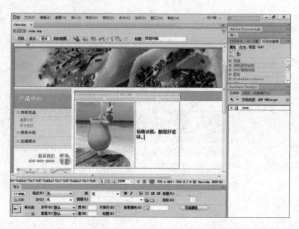

Step 05 执行"窗口>绑定"命令，在打开的"绑定"面板中单击█按钮，在弹出的菜单中选择"记录集（查询）"命令，弹出"记录集"对话框，在其中的"名称"文本框中输入"Recordset1"，在"连接"下拉列表中选择"conn"选项，如右图所示。

Step 06 在"表格"下拉列表中选择"Products"，设置"列"为"全部"，在"筛选"下拉列表中分别选择"CID""=""URL参数"和"CID"，在"排序"下拉列表中选择"PID"和"降序"，完成后单击"确定"按钮。在"绑定"面板中即可看到创建的记录集，如下左图所示。

Step 07 选中图像，在"绑定"面板中选择"image"字段，单击右下角的"绑定"按钮，绑定字段，如下右图所示。

Step 08 按照步骤07的方法，分别将Products的name、CPrice和MPrice绑定到相应的位置，如下左图所示。

Step 09 将插入点置于表格1中，单击从右数的第一个<tr>标签。在"服务器行为"面板中单击█按钮，在弹出的菜单中选择"重复区域"命令，弹出"重复区域"对话框，如下右图所示。

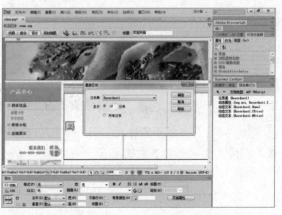

Step 10 在"记录集"下拉列表中选择"Recordset1",显示"10"记录,单击"确定"按钮,创建"重复区域"服务器行为,如下左图所示。

Step 11 选中"服务器行为"面板中刚插入的"重复区域(Recordset1)",切换到代码视图中,将其代码移动到<tr>与<td>和</td>与</tr>标签之间,在代码中相应的位置输入以下代码,效果如下右图所示。

```
01 If (Repeat1__index MOD 4 = 0) Then
02 Response.Write("</tr></tr>")
```

Step 12 选中图像,单击"服务器行为"面板中的➕按钮,在弹出的菜单中选择"转到详细页面"命令,弹出"转到详细页面"对话框,在"详细信息页"文本框中输入"detail.asp",在"记录集"下拉列表中选择"Recordset1",单击"确定"按钮,创建转到详细页面服务器行为,如下左图所示。

Step 13 选中"Recordset1.Name",单击"服务器行为"面板中的➕按钮,在弹出的菜单中选择"转到详细页面"命令,弹出"转到详细页面"对话框,如下右图所示。

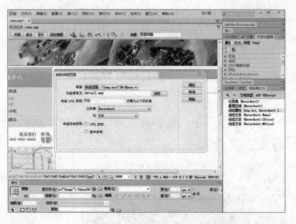
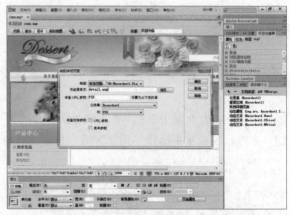

Step 14 在"详细信息页"文本框中输入"detail.asp",在"记录集"下拉列表中选择"Recordset1",单击"确定"按钮,创建"转到详细页面"服务器行为,如下左图所示。

Step 15 将插入点置于表格1的右边,插入1行4列的表格3,将"填充"设置为"5",并在单元格中输入相应的文字,如下右图所示。

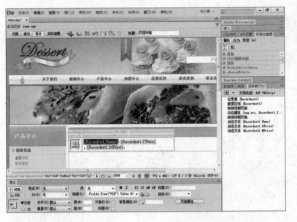 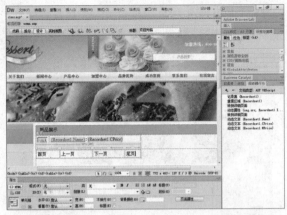

Step 16 选中文本"首页"，单击"服务器行为"面板中的按钮，在弹出的菜单中执行"记录集分页>移至第一条记录"命令，弹出"移至第一条记录"对话框，如下左图所示。

Step 17 在对话框中"记录集"下拉列表中选择"Recordset1"，单击"确定"按钮，创建"移至第一条记录"服务器行为，如下右图所示。

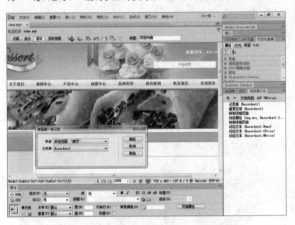
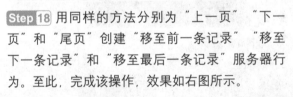

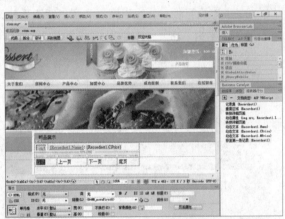

Step 18 用同样的方法分别为"上一页""下一页"和"尾页"创建"移至前一条记录""移至下一条记录"和"移至最后一条记录"服务器行为。至此，完成该操作，效果如右图所示。

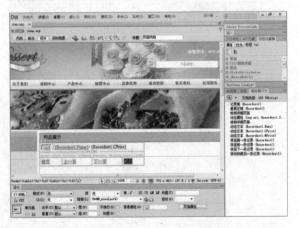

02 制作商品详细信息页面

商品详细信息页面用于显示网站商品的详细信息，主要利用创建记录集和绑定字段来制作，其具体操作步骤如下。

Step 01 打开网页文档 "index.htm"，将其另存为 "detail.asp"。将插入点置于相应的位置，执行 "插入记录>表格" 命令，插入一个5行2列的表格，在 "属性" 面板中将 "填充" 设置为 "5"，如下左图所示。

Step 02 将插入点置于第1行第1列单元格中，按住鼠标左键向下拖动至第3行第1列单元格，合并单元格。在合并后的单元格中插入图像，并将 "对齐" 方式设置为 "居中对齐"，如下右图所示。

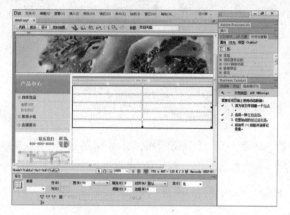 

Step 03 分别在其他单元格中输入文字。选中表格的第5行单元格，合并单元格，并在合并后的单元格中输入文字。单击 "绑定" 面板中的 按钮，在弹出的菜单中选择 "记录集（查询）" 命令，弹出 "记录集" 对话框，如下左图所示。

Step 04 在对话框中的 "名称" 文本框中输入 "Recordset1"，在 "连接" 下拉列表中选择 "conn"，在 "表格" 下拉列表中选择 "Products"，勾选 "全部" 单选按钮，在 "筛选" 下拉列表中分别选择 "PID" "=" "URL参数" 和 "PID"。完成后单击 "确定" 按钮，创建记录集，如下右图所示。

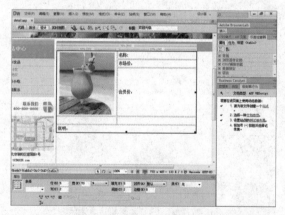 

Step 05 选中图像，并在 "绑定" 面板中选择 "image" 字段，然后单击 "绑定" 按钮，绑定字段。在 "属性" 面板中将 "宽" 设置为 "230"，"高" 设置为 "230"。用同样的方法，分别选中 "Products" 的 "name" "CPrice" "MPrice" 和 "content" 字段，并将其绑定到相应的位置，如右图所示。至此，完成本实例。

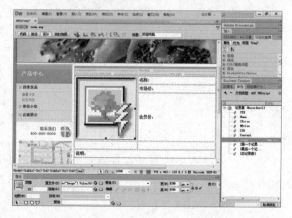

Section 04 制作购物系统后台管理页面

网站后台是由公司内部人员操作，用以更新和维护网站内容的平台。网站管理人员只要通过网站后台，就可对网站进行管理。一个好的网站除了页面的布局合理和美观外，后台的管理也是相当重要的。好的后台管理设计可以对网站上的内容进行动态地更新，管理也更加容易和方便。后台管理在考虑管理操作简便的同时，更提供强大的管理模式，包括管理员角色的设置、商品分类管理、订单管理、新闻管理、文件管理、网站基本信息管理以及客户留言反馈管理等。后台管理主要是商品的添加、修改和删除，以及管理员的登录等。

01 制作管理员登录页面

系统管理员拥有最高权限，可以通过后台管理员登录页面进入到后台管理网站信息。主要利用插入表单对象、检查表单行为和创建登录用户服务器行为制作，具体的操作步骤如下。

Step 01 打开网页文档"index.htm"，将其另存为"login.asp"。将插入点置于页面中，执行"插入记录>表单>表单"命令，插入表单，如下左图所示。

Step 02 将插入点置于表单中，插入一个5行2列的表格，在"属性"面板中将"水平"对齐方式设置为"居中对齐"。合并单元格，并分别在单元格中输入文字，如下右图所示。

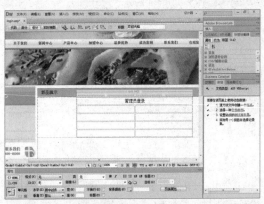

Step 03 将插入点置于第3行第2列单元格中，插入文本域，在"属性"面板中将"文本域"名称设为"adminname"，"字符宽度"设置为"25""类型"设置为"单行"，如右图所示。

Step 04 将插入点置于第4行第2列单元格中，插入文本域，在"属性"面板中将"文本域"名称设置为"password"，"字符宽度"设置为"25"，"类型"设置为"密码"，如下左图所示。

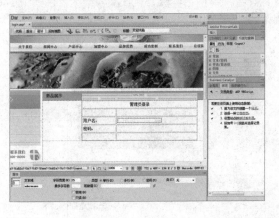

Step 05 将插入点置于第5行第2列单元格中，插入按钮，在"属性"面板中的"值"文本框中输入"提交"，将"动作"设置为"提交表单"，如下右图所示。

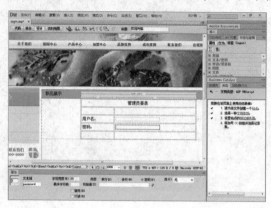 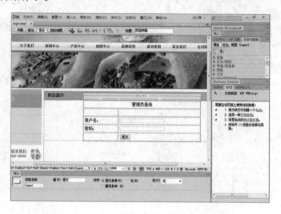

Step 06 将插入点置于按钮的后面，再插入一个按钮，在"属性"面板中的"值"文本框中输入"重置"，将"动作"设置为"重设表单"，如下左图所示。

Step 07 选中文档底部的<form>标签，单击"行为"面板中的 ⊞ 按钮，在弹出的菜单中选择"检查表单"命令，弹出"检查表单"对话框，如下右图所示。

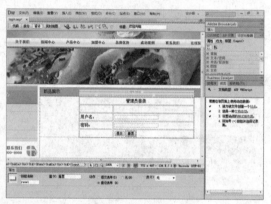 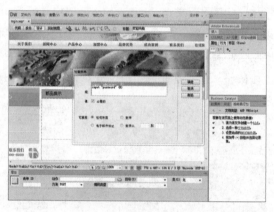

Step 08 设置文本域"adminname"和"password"的"值"均为"必需的"，设置"可接受"为"任何东西"，单击"确定"按钮添加行为，如下左图所示。

Step 09 单击"绑定"面板中的 ⊞ 按钮，在弹出的菜单中选择"记录集（查询）"命令，弹出"记录集"对话框，在"名称"文本框中输入"Recordset1"，如下右图所示。

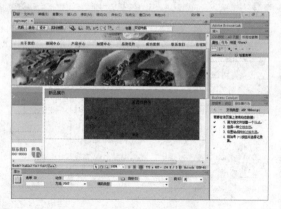 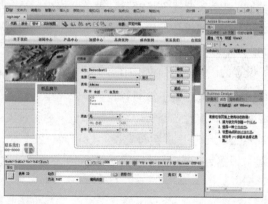

Step 10 在"连接"下拉列表中选择"conn",在"表格"下拉列表中选择"admin",单击选中"全部"单选按钮,单击"确定"按钮,创建记录集,如下左图所示。

Step 11 单击"服务器行为"面板中的■按钮,在弹出的菜单中选择"用户身份验证>登录用户"命令,弹出"登录用户"对话框,在该对话框中的"从表单获取输入"下拉列表中选择"form1",在"使用连接验证"下拉列表中选择"conn",在"表格"下拉列表中选择"admin",在"用户名列"下拉列表中选择"adminname",在"密码列"下拉列表中选择"password",在"如果登录成功,则转到"文本框中输入"admin.asp",在"如果登录失败,则转到"文本框中输入"login.asp",如下右图所示。

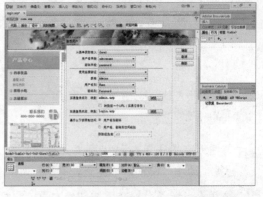

Step 12 单击"确定"按钮,创建"登录用户"服务器行为。至此完成操作,效果如右图所示。

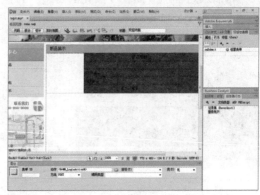

02 制作添加商品分类页面

添加商品分类页面效果主要是利用插入表单对象、创建记录集和创建插入记录服务器行为制作的,具体操作步骤如下。

Step 01 打开网页文档"index.htm",将其另存为"addclass.asp"。将插入点置于页面中,执行"插入记录>表单>表单"命令,插入表单,如右图所示。

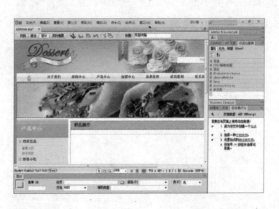

Step 02 将插入点置于表单中，插入一个4行2列的表格，将表格的"填充"设置为"5""间距"设为"2""水平"对齐设为"居中对齐"，并输入文字，如下左图所示。

Step 03 将插入点置于第3行第2列中，插入文本域，并将"文本域"名称设置为"classname"，将"字符宽度"设置为"25"，将"类型"设置为"单行"，如下右图所示。

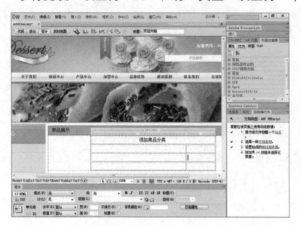 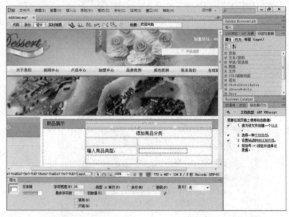

Step 04 将插入点置于第4行第2列单元格中，插入按钮，在"属性"面板中的"值"文本框中输入"提交"，将"动作"设置为"提交表单"，如下左图所示。

Step 05 将插入点置于"提交"按钮的右边，再插入一个按钮，在"值"文本框中输入"重置"，并将"动作"设置为"重设表单"，如下右图所示。

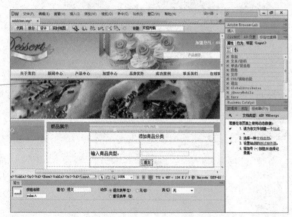 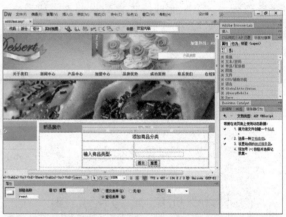

Step 06 单击"服务器行为"面板中的 按钮，在弹出的菜单中执行"用户身份验证>限制对页的访问"命令，弹出"限制对页的访问"对话框。在对话框中的"如果访问被拒绝，则转到"文本框中输入"login.asp"，单击"确定"按钮，创建"限制对页的访问"服务器行为，如右图所示。

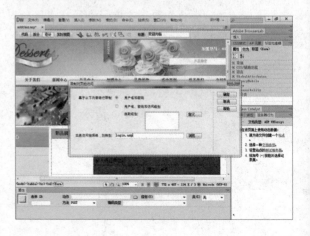

Step 07 单击"服务器行为"面板中的 按钮，在弹出的菜单中选择"插入记录"命令，弹出"插入记录"对话框，在对话框中的"连接"下拉列表中选择"conn"，在"插入到表格"下拉列表中选择"class"，在"插入后，转到"文本框中输入"addclassok.htm"，在"获取值自"下拉列表中选择"form1"，如下左图所示。

Step 08 设置完成后单击"确定"按钮，创建"插入记录"服务器行为，如下右图所示。至此完成操作。

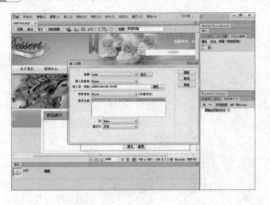

03 制作添加商品页面

在商品添加页面中，可以添加商品的详细信息。制作添加商品页面，主要利用插入表单对象、创建记录集和创建插入记录服务器行为制作，具体操作步骤如下。

Step 01 打开网页文档"index.htm"，并将其另存为"addproduct.asp"，如下左图所示。

Step 02 在"绑定"面板中单击 按钮，在弹出菜单中选择"记录集（查询）"命令，弹出"记录集"对话框，如下右图所示。

Step 03 在对话框中的"名称"文本框中输入"Recordset1"，在"连接"下拉列表中选择"onn"，在"表格"下拉列表中选择"class"，勾选"全部"单选按钮，在"排序"下拉列表中选择"CID"和"降序"。完成后单击"确定"按钮，创建记录集，如右图所示。

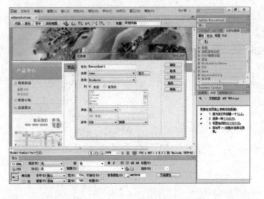

Step 04 单击"数据"面板中的"插入记录表单向导"按钮，弹出"插入记录表单"对话框，在对话框中的"连接"下拉列表中选择"conn"，在"插入到表格"下拉列表中选择"Products"，在"插入后，转到"文本框中输入"add-productok.htm"，如下左图所示。

Step 05 在"表单字段"列表框中选中"PID"，单击删除按钮将其删除，选中name，在"标签"文本框中输入"商品名称："；选中CPrice，在"标签"文本框中输入"市场价："；选中MPrice，在"标签"文本框中输入"会员价："；选中CID，在"标签"文本框中输入"商品分类："。在"显示为"下拉列表中选择"菜单"，如下右图所示。

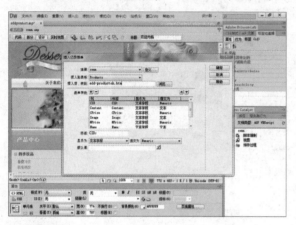 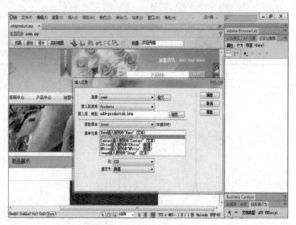

Step 06 单击"确定"按钮，弹出"菜单属性"对话框，在其中设置"填充菜单项"为"来自数据库"，在"获取标签自"下拉列表中选择CID，单击"选取值等于"文本框后面的按钮，弹出"动态数据"对话框，在对话框中的"域"列表中选择"name"，如下左图所示。

Step 07 单击"确定"按钮，返回到"插入记录表单"对话框，选中content，在"标签"中输入"商品介绍："，在"显示为"下拉列表中选择"文本字段"；选中image，在"标签"文本框中输入"图片路径："，在"显示为"下拉列表中选择"文本字段"，如下右图所示。

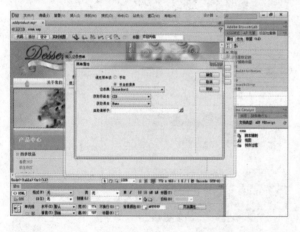 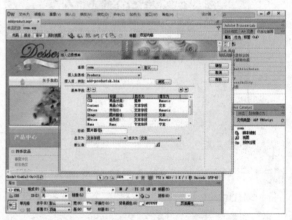

Step 08 单击"确定"按钮，插入记录表单向导。选中"图片路径"右边的文本域，将其删除，如下左图所示。

Step 09 插入文件域，在"属性"面板中的"文件域名称"文本框中输入"image"，并将"字符宽度"设置为"25"，如下右图所示。

Step 10 单击"服务器行为"面板中的 ➕ 按钮，在弹出的菜单中执行"用户身份验证>限制对页的浏览"命令，弹出"限制对页的访问"对话框。在"如果访问被拒绝，则转到"文本框中输入"login.asp"。单击"确定"按钮，创建"限制对页的访问"服务器行为。打开网页文档"index.htm"，将其另存为"addproductok.htm"，在相应的位置输入提示成功文字，如右图所示。至此，完成操作。

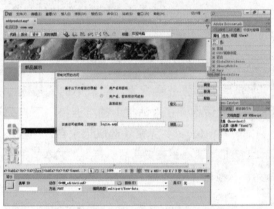

04 制作修改页面

当添加的商品有错误时，就需要进行修改。修改页面主要是利用创建记录集和更新记录表单服务器行为制作的，具体操作步骤如下。

Step 01 打开网页文档"addproduct.asp"，将其另存为"modify.asp"。在"服务器行为"面板中选中"插入记录（表单"form1"）"选项，单击按钮删除，如下左图所示。

Step 02 单击"绑定"面板中的 ➕ 按钮，在弹出的菜单中选择"记录集（查询）"命令，弹出"记录集"对话框，在"名称"文本框中输入"R2"，在"连接"下拉列表中选择"conn"，在"表格"下拉列表中选择"Products"，将"列"设置为"全部"，在"筛选"下拉列表中选择"PID" "=" "URL参数"和"PID"，如下右图所示。

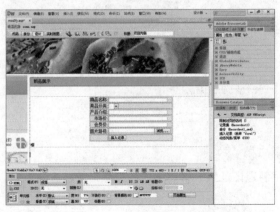
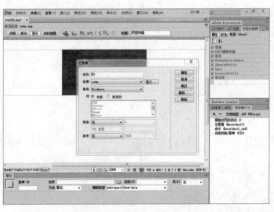

Step 03 设置完成后单击"确定"按钮，如下左图所示。

Step 04 选中"商品名称："右边的文本域，在"绑定"面板中展开记录集R2，选中"name"字段，单击"绑定"按钮，绑定字段，如下右图所示。

 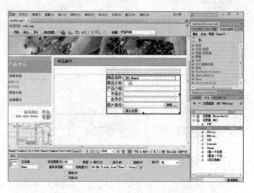

Step 05 按照步骤04的方法，分别将"CPrice""MPrice""content"和"image"字段绑定，如下左图所示。

Step 06 单击"服务器行为"面板中的 按钮，在弹出的菜单中选择"更新记录"命令，弹出"更新记录"对话框，在对话框中的"连接"下拉列表中选择"conn"，在"要更新的表格"下拉列表中选择"Products"，在"选取记录自"下拉列表中选择"R2"，在"惟一键列"下拉列表中选择"ProductsID"，在"在更新后，转到"文本框中输入"modifyok.htm"，在"获取值自"下拉列表中选择"form1"，如下右图所示。

 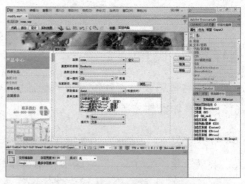

Step 07 设置完成后单击"确定"按钮，效果如右图所示。

Step 08 打开网页文档"index.htm"，将其另存为"modifyok.htm"。输入"修改成功"文字后保存文档，至此完成操作。

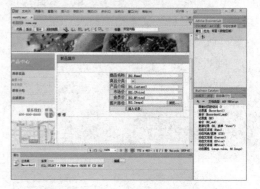

05 设计删除页面

删除页面用于删除添加的商品，制作时主要利用创建记录集、绑定字段和删除记录服务器行为，其具体操作步骤如下。

Step 01 打开网页文档"index.htm"，将其另存为"del.asp"。将插入点置于相应的位置，执行"插入记录>表格"命令，插入一个5行2列的表格，在"属性"面板中将"填充"设置为5，如下左图所示。

Step 02 将插入点置于第1行第1列单元格中，按住鼠标左键向下拖动至第3行第1列单元格中，合并单元格。在合并后的单元格中插入图像，如下右图所示。

 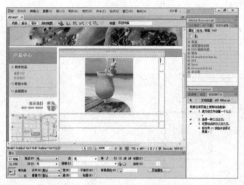

Step 03 分别在其他单元格中输入文字。选中表格的第5行单元格，合并单元格，并在合并后的单元格中输入文字。单击"绑定"面板中的 按钮，在弹出的菜单中选择"记录集（查询）"命令，弹出"记录集"对话框，如下左图所示。

Step 04 在对话框中的"名称"文本框中输入"Recordset1"，在"连接"下拉列表中选择"conn"，在"表格"下拉列表中选择"Products"，勾选"全部"单选按钮，在"筛选"下拉列表中分别选择"PID""=""URL参数"和"PID"。最后单击"确定"按钮，创建记录集，效果如下右图所示。

Step 05 分别将"name""CPrice""MPrice""content"和"image"字段绑定到相应的位置，如下左图所示。

Step 06 将插入点置于表格的右边，执行"插入记录>表单>表单"命令，插入表单，如下右图所示。

Step 07 将插入点置于表单中，执行"插入>表单>按钮"命令，插入按钮，在"属性"面板中的"值"文本框中输入"删除商品"，将"动作"设置为"提交表单"，如下左图所示。

Step 08 单击"服务器行为"面板中的 按钮，在弹出的菜单中选择"删除记录"命令，弹出"删除记录"对话框，在对话框中的"连接"下拉列表中选择"conn"，在"从表格中删除"下拉列表中选择"Products"，在"选取记录自"下拉列表中选择"R1"，在"惟一键列"下拉列表中选择"PID"，在"提交此表单以删除"下拉列表中选择"form1"，在"删除后，转到"文本框中输入"admin.asp"，如下右图所示。

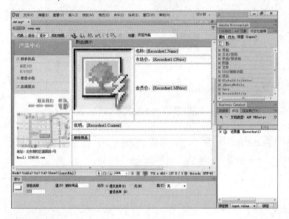 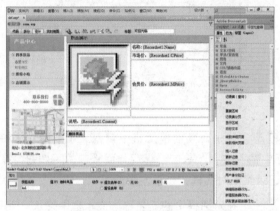

Step 09 完成后单击"确定"按钮，创建"删除记录"服务器行为，如下左图所示。

Step 10 单击"服务器行为"面板中的 按钮，在弹出的菜单中执行"用户身份验证>限制对页的浏览"命令，弹出"限制对页的访问"对话框，如下右图所示。

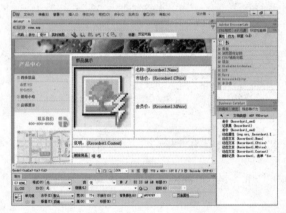 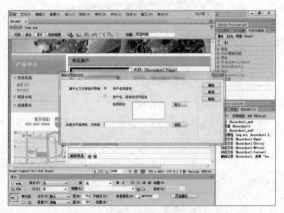

Step 11 在"如果访问被拒绝，则转到"文本框中输入"login.asp"，单击"确定"按钮，创建"限制对页的访问"服务器行为，如右图所示。至此，完成操作。

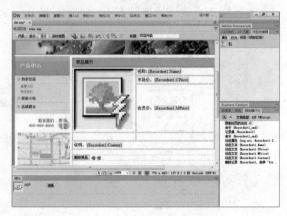

Chapter 12

制作企业展示网站

随着Internet网络的快速发展，越来越多的企业开始注重网络信息化建设。建设企业展示网站不仅能对企业形象进行宣传，还可以辅助企业进行产品销售，与此同时，还能够发布产品资讯、招贤纳士等。

重点难点

- 企业网站开发流程
- 数据库的创建和链接
- 制作登录页面
- 制作信息展示页面
- 制作信息管理页面

企业网站概述

随着经济全球化和电子商务经济的到来，企业网站已成为企业宣传品牌、展示服务与产品乃至进行所有经营互动的平台和窗口。企业在建设网站前应该根据公司的需要，进行企业网站的计划、定位等方面的前期准备工作。不同需要，网站的功能会有很大的不同，有的纯粹是发布公司信息，有的是为了开展网上订货等商务活动，但基本上都是为企业自身服务。

01 企业网站的分类

企业网站可分为以下几类。

1. 电子商务型

主要面向供应商、客户或者企业产品（服务）的消费群体，以提供某种直属于企业业务范围的服务或交易、或者为业务服务的服务或者交易为主。这样的网站可以说是正处于电子商务化的一个中间阶段，由于行业特色和企业投入的深度和广度的不同，其电子商务化程度可能处于从比较初级的服务支持、产品列表到比较高级的网上支付其中的某一阶段。通常这种类型可以形象地称为"网上XX企业"。例如，网上银行、网上酒店等。

2. 多媒体广告型

主要面向客户或者企业产品（服务）的消费群体，以宣传企业的核心品牌形象或者主要产品（服务）为主。这种类型无论从目的上还是实际表现手法上，相对于普通网站而言更像一个平面广告或者电视广告，因此用"多媒体广告"来称呼这种类型的网站更贴切一点。

3. 产品展示型

主要面向需求商，展示自己产品的详细情况，以及公司的实力。对产品的价格、功能等做最全面的介绍。这种类型的企业网站主要目的是展示产品，所以在注重品牌和形象的同时也要重视产品介绍。

在实际应用中，很多网站往往不能简单地归为某一种类型，无论是建站目的还是表现形式都可能涵盖了两种或两种以上类型。对于这种企业网站，可以按上述类型的区别划分为不同的部分，每一个部分基本上都可以认为是一个较为完整的网站类型。

02 企业网站的功能划分

企业网站一般都具有以下功能模块。

1. 公司信息

公司信息是为了让公司网站的新访问者对公司状况有初步的了解，公司是否可以获得用户的信任，在很大程度上会取决于这些基本信息。在公司信息中，如果内容比较丰富，可以进一步分解为若干子栏目，如公司概况、发展历程、公司动态、媒体报道、主要业绩（证书、数据）、组织结构、企业主要领导人员介绍、联系方式等。

2. 产品信息

企业网站上的产品信息应全面反映所有系列和各种型号的产品，对产品进行详尽的介绍，如果必要，除了文字介绍之外，可配备相应的图片资料、视频文件等。其他有助于用户产生信任和购买决策的信息，都可以通过适当的方式发布在企业网站上，如有关机构或专家的检测和鉴定、用户评论、相关产品知识等。

3. 信息发布

企业可以利用网站发布一些展现企业形象，完善顾客服务，促进网络销售的一些相关信息。例如动态新闻、促销信息、售后服务、招聘人员、企业广告、采购信息等。对于产品销售范围跨国家的企业，通常还需要不同语言的网站内容。

4. 技术支持

这类功能一般主要针对能提供服务类的企业，例如网络服务公司，可以提供以往企业的网络架构方案等；软件服务公司，提供软件后期维护升级、软件故障解决等。

5. 联系信息

企业应将自己公司的详细联系信息公布到网站上，例如常见的有公司地址、电话、传真、E-mail等。有些企业网站还会将客户或业务伙伴需要的联系方式也公布出来。

除了上面谈到的，有些企业网站还显示网站登录人数、网上产品调查、在线人工或自动服务等。

03　企业网站的创建流程

企业网站构建流程具体介绍如下。

1. 需求分析

这一过程所需时间较长，通常会由专门的需求分析人员同企业客户进行交流，尽可能获得企业详细需求，了解企业客户想要实现哪些功能。

2. 网站总体设计

根据需求分析，由网站开发资深人员对企业网站进行总体设计，包括数据库设计、网站各功能模块设计以及网站安全性考虑。

3. 界面设计

一般由美工人员先设计出平面效果，然后由网站开发人员使用专业站点设计软件（例如Dreamweaver）制作出各个页面的构架。

4. 代码编写及测试

由专业的网站开发人员完成各个页面的代码编写，并针对各个功能模块进行测试。好的代码一般都封装成组件或类库，可实现代码的重复使用以及提高代码的执行速度。

5. 站点发布

网站开发完成，就需要将站点发布到网络上，由更多的人员对网站进行访问，这就是站点发布。一般网站开发服务器和站点发布服务器不是同一台计算机，这就需要在发布站点时，进行相同的软件配置，例如数据库的创建及安装、Web服务器的安装及配置，并通过ISP服务商申请空间以及IP地址和访问域名，并到相关部门进行备案。

6. 站点维护

网站开发结束，一般企业会安排一个或多个人负责网站的正常运行维护，有什么问题会及时和网站开发人员沟通，进行网站功能改进或增加新的功能。

Section 02 数据库设计

制作动态网站离不开数据库的支持，数据库设计需要满足网站需求，所以进行数据库设计之前应尽可能地了解用户需求，然后根据需求设计数据库，创建数据库链接。

01 创建数据库表

企业网站主要是新闻管理、产品管理以及其他相关信息展示，所以设计的数据库表包括：news、product、class、user。news表主要存储企业新闻，product表主要存储企业产品信息，class表存储产品的类别，user表主要存储网站管理员的登录信息。各表字段设计分别如表12-1、表12-2、表12-3、表12-4所示。

表12-1 新闻信息表（news）字段

字段名称	数据类型	说明
id	自动编号	主键，新闻编号
title	文本	新闻标题
date	文本	新闻发布日期
content	备注	新闻内容
image	文本	新闻图片路径

表12-2 产品信息表（product）字段

字段名称	数据类型	说明
id	自动编号	主键，产品编号
name	文本	产品名称
content	文本	产品介绍
image	文本	产品图片路径

表12-3 产品类别表（class）字段

字段名称	数据类型	说明
id	自动编号	主键，类别编号
name	文本	类别名称
class	备注	类别标识

表12-4 管理员表（user）字段

字段名称	数据类型	说明
id	自动编号	主键，管理员编号
name	文本	管理员登录账号
password	文本	管理员登录密码

02 创建数据库链接

数据库表设计完成，接着要使用Dreamweaver CS6创建数据库连接。具体操作步骤如下。

Step 01 启动Dreamweaver CS6，执行"窗口>数据库"命令，打开"数据库"面板，单击 ➕ 按钮，在下拉菜单中选择"数据源名称（DSN）"命令，如右图所示。

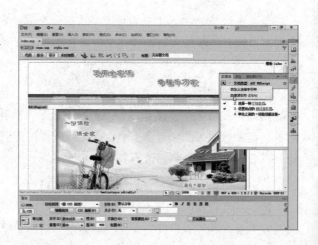

Step 02 弹出"数据源名称（DSN）"对话框，设置"连接名称"为"conn""数据源名称（DSN）"为"mdb1"，单击"测试"按钮，弹出"成功创建连接脚本"消息框，则数据库链接创建成功，如下左图所示。

Step 03 单击"确定"按钮，创建的数据库链接会显示在"数据库"面板中，如下右图所示。

Section 03 模板页制作

为了使网站风格统一，降低重复创建网页的工作量，我们可以创建模板页。下面以创建index.dwt和content.dwt模板为例讲解。

01 制作 index.dwt 模板

index.dwt模版为基本模板，主要创建网站的总体布局风格。index.dwt模板分为三部分：header、middle、bottom。header包含网站导航条及网站头部图片，middle为可编辑区域，bottom包含网站底部版权信息和后台管理入口。具体操作步骤如下。

Step 01 执行"文件>新建"命令，打开"新建文档"对话框，单击"空模板"选项，"模板类型"选择"HTML模板"，"布局"选择"无"，然后单击下面的"创建"按钮，如下左图所示。

Step 02 执行"插入>表格"命令，插入一个1行1列的表格，在"属性"面板中设置表格宽度为"900"，"对齐"方式为"居中对齐"。将光标移到第1行单元格中，执行"插入>图像"命令，插入title.jpg图像，如下右图所示。

Step 03 将光标移到表格右边，执行"插入>表格"命令，插入一个1行1列的表格，表格宽度设置为"900"，"对齐"方式设置为"居中对齐"。然后选中表格单元格，在"属性"面板中设置单元格高度为"400"，"水平"对齐方式为"居中对齐"，"垂直"对齐方式为"居中"。然后执行"插入>模板对象>可编辑区域"命令，在单元格的中间插入一个可编辑区域，如右图所示。

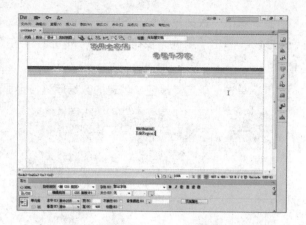

Step 04 将光标移到表格右边，执行"插入>表格"命令，在网页底部插入一个1行1列的表格，表格宽度设为"900"，将光标移到单元格内，执行"插入>图像"命令，插入bottom.jpg图片，如下左图所示。

Step 05 选中网页顶部插入的title.jpg图片，在"属性"面板中单击▢按钮，将title.jpg图片上的"首页"区域创建为热点，并设置热点超链接为"index.asp"，如下右图所示。

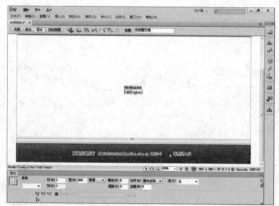
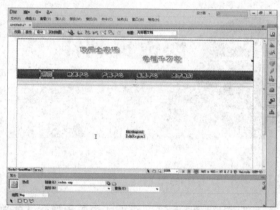

Step 06 重复步骤05，将title.jpg图片的"新闻中心""产品中心""客服中心""关于我们"区域创建为热点，分别设置超链接为"news.asp""products.asp?class=1""service.html""about us.html"。选中网页底部的bottom.jpg图片，为管理员入口区域创建热点，设置超链接为"login.asp"，如下左图所示。

Step 07 执行"文件>保存"命令，选择模板存储的站点名称，然后将模板命名为"index"，单击"保存"按钮，如下右图所示。index.dwt模板创建成功。

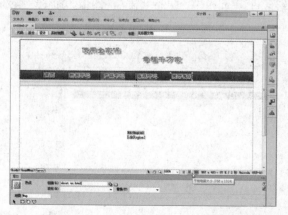

02 制作 content.dwt 模板

content.dwt模版需要使用index.dwt模板内容，在index.dwt的基础上将中间区域再细划分为左、右区域。左边区域设为可编辑区域，用于设置二级导航条；右边区域也设为可编辑区域，用于放置网页正文。具体操作步骤如下。

Step 01 执行"文件>新建"命令，打开"新建文档"对话框，单击"模板中的页"选项，"站点"选择"企业网站2"，模板选择"index"，然后单击下面的"创建"按钮，如下左图所示。

Step 02 将光标移到EditRegion1区域中，将"EditRegion1"文字删除。执行"插入>表格"命令，插入一个1行2列的表格，选择左边单元格，在"属性"面板中设置单元格"水平"对齐方式为"居中对齐"，"垂直"对齐方式为"顶端"，单元格宽度设为"150"，高度设为"400"，如下右图所示。

Step 03 将光标移到左边单元格中，执行"插入>表格"命令，插入一个3行1列的表格，宽度设为"150"，执行"插入>模板对象>可编辑区域"命令，为表格中的每个单元格插入可编辑区域。同样的方法为右边的单元格插入可编辑区域，如下左图所示。

Step 04 执行"文件>保存"命令，将模板保存为"content"，单击"保存"按钮，如下右图所示。"content.dwt"模板创建成功。

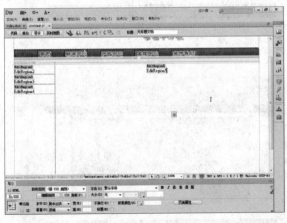
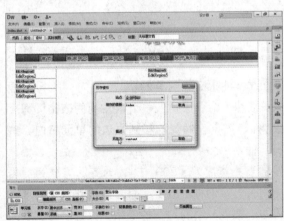

制作前台页面

前台页面主要是信息展示页面，用户不需要登录就可以直接访问网页。前台主要包括首页（index.asp），新闻信息浏览（news.asp）和新闻详细信息浏览（newsdetail.asp），产品信息展示（products.asp）和产品详细信息展示（productsdetail.asp），客服中心（service.html）和关于我们（about us.html）。

01 首页

首页（index.asp）是网站的入口，企业网站一般都会在首页中添加丰富的图片和Flash动画，以展示企业风采，提升企业形象。制作首页需要使用index.dwt模板，具体操作步骤如下。

Step 01 执行"文件>新建"命令，打开"新建文档"对话框，单击"模板中的页"选项，"站点"选择"企业网站2"，模板选择"index"，然后单击下面的"创建"按钮，如下左图所示。

Step 02 将光标移到EditRegion1区域中，将"EditRegion1"文字删除。执行"插入>表格"命令，插入一个2行1列的表格，设置表格宽度为"720"，选择第1行单元格，执行"插入>图像"命令，插入header.jpg图片，如下右图所示。

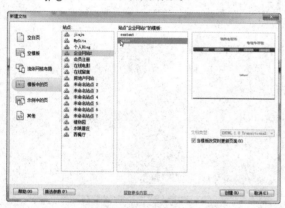

Step 03 将光标移到第2行单元格内，执行"插入>表格"命令，插入一个1行2列的表格，宽度设为"720"。将光标移到左边的单元格内，执行"插入>表格"命令，插入一个2行1列的表格，设置表格宽度为"300"，"对齐"方式为"居中对齐"。同样的方法，将光标移到右边的单元格中，插入一个2行1列的表格，设置表格宽度为"420"，"对齐"方式为"居中对齐"，如右图所示。

Step 04 执行"窗口>CSS样式"命令，打开"CSS样式"面板，单击右下方的 🔧 按钮，如下左图所示。

Step 05 弹出"新建CSS规则"对话框，设置"选择器类型"为"类（可应用于任何HTML元素）"，在"选择器名称"文本框中输入".style_background1"，设置"规则定义"为"（新建样式表文件）"，单击"确定"按钮，如下右图所示。

Step 06 弹出"将样式表文件另存为"对话框，指定保存文件夹，输入样式表文件名"style"，单击"保存"按钮，如下左图所示。

Step 07 弹出".style_background1的CSS规则定义（在style.css）"对话框，"分类"选择"背景"，在背景图片文本框中选择"首页_新闻中心.jpg"图片路径，单击"确定"按钮，如下右图所示。

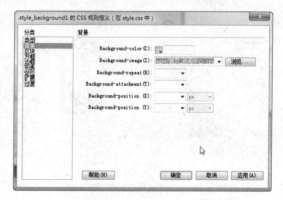

Step 08 重复步骤05、06、07，新建"选择器名称"为".style_background2""规则定义"设置为"style.css"，新的背景图片为"首页_产品中心.jpg"，如下左图所示。

Step 09 执行"文件>保存"命令，将文件保存为"index.asp"，如下右图所示。

Step 10 将光标移到左边单元格内，选中最右边的<table>标签，将左边的2行1列表格选中，在"属性"面板中设置类的值为".syle_background1"，如下左图所示。

Step 11 重复步骤10，为右边的2行1列表格设置类的值为".style_background2"，如下右图所示。

Step 12 选中左边2行1列表格的第1行单元格，执行"插入>图像"命令，插入bar1.jpg图片，将第2行单元格高度设置为"25"。同样的方法，为右边表格的第1行单元格插入图片bar2.jpg，第2行单元格高度设置为"150"。在第2行单元格中插入1行1列的表格，设置表格宽度为"130"，设置表格中的单元格高度为"150"，如下左图所示。

Step 13 将光标移到左边第2行单元格内，执行"文件>数据库"命令，打开"数据库"面板，切换到"绑定"面板，单击按钮，在下拉菜单中选择"记录集（查询）"命令，如下右图所示。

 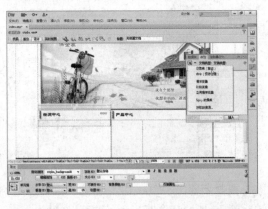

Step 14 弹出"记录集"对话框，创建记录集"名称"为"rstnews"，"连接"设置为"conn"，"表格"选择"news"，选择"全部"选项，单击"确定"按钮，如右图所示。

Step 15 展开记录集rstnews字段，选中"title"字段，单击右下方"插入"按钮，将"title"字段绑定到左边第2行单元格中。同样的方法将"date"字段绑定插入到"{rstnews.title}"右边，如下左图所示。

Step 16 在右边第2行单元格中，执行"插入>图像"命令，插入图片pic1.jpg，如下右图所示。

Step 17 重复步骤13，在数据库"绑定"面板中新建记录集rstproducts，如下左图所示。

Step 18 展开记录集rstproducts，选中图片pic.jpg，选择"image"字段，单击右下方"绑定"按钮，将"image"字段绑定到图片的src属性。重复步骤15，将"name"字段绑定到图片下方位置，如下右图所示。

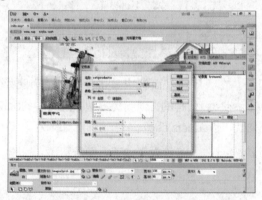 

Step 19 将光标移到左边第2行单元格中，选中下方最右边的<tr>标签，选中左边第2行，切换到"服务器行为"面板，单击 + 按钮，在弹出的下拉菜单中选择"重复区域"，打开"重复区域"对话框，"记录集"选择"rstnews"，"显示"设为"5"条记录，单击"确定"按钮，如下左图所示。

Step 20 选中左边表格中第2行单元格中的"{rstnews.title}"，在"服务器行为"面板中单击 + 按钮，在弹出的下拉菜单中选择"转到详细页面"，弹出"转到详细页面"对话框，设置"详细信息页"为"newsdetail.asp""传递URL参数"为"id""记录集"选择"rstnews"，字段选择"id""传递现有参数"选中"URL参数"，单击"确定"按钮，如下右图所示。

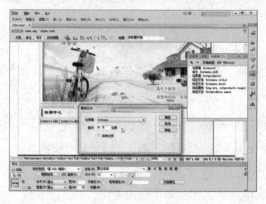 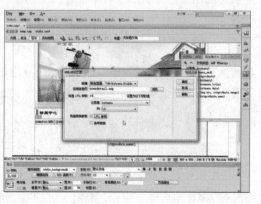

Step 21 重复步骤19，选择右边第2行单元格，即下方的最右边<td>标签，在"服务器行为"面板中单击➕按钮，在下拉菜单中选择"重复区域"，弹出"重复区域"对话框，"记录集"选择"rstproducts"，显示"3"条记录，单击"确定"按钮，如下左图所示。

Step 22 重复步骤20，为"{rstproducts.name}"创建"转到详细页面"服务器行为，在弹出的"转到详细页面"对话框中设置"详细信息页"为"productsdetail.asp"，设置"传递URL参数"为"id"，选择"记录集"为"rstproducts"，字段选择"id""传递现有参数"选中"URL参数"，单击"确定"按钮，如下右图所示。

 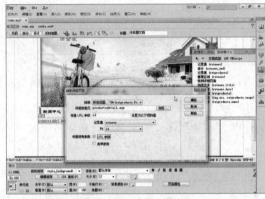

Step 23 选中左边表格第1行单元格中的bar1.jpg图片，在"属性"面板中单击▢按钮，为图片上的"more"区域创建矩形热点，设置热点超链接为"news.asp"。同样的方法，为右边单元格中的bar2.jpg图片上的"more"区域创建矩形热点，设置热点超链接为"products.asp?class=1"，如下左图所示。

Step 24 执行"文件>保存"命令，将文件保存为"index.asp"。最终效果如下右图所示。

02 新闻信息页

　　新闻信息页面（news.asp）主要展示企业动态新闻，用户可以翻页浏览所有新闻信息。制作新闻信息页面需要使用content.dwt模板，具体操作步骤如下。

Step 01 执行"文件>新建"命令，打开"新建文档"对话框，单击"模板中的页"选项，"站点"选择"企业网站2"，模板选择"content"，然后单击下面的"创建"按钮，如下左图所示。

Step 02 将光标移到EditRegion2区域中，将"EditRegion2"文字删除。执行"插入>图片"命令，插入menu1.jpg图片。删除EditRegion3和EditRegion4区域内的文字，如下右图所示。

Step 03 将光标移到EditRegion5区域中,将"EditRegion5"文字删除。执行"插入>表格"命令,插入一个2行1列的表格,设置表格宽度为"100%",设置第1行单元格高度为"30",第2行单元格高度为"400",设置第2行单元格"水平"对齐方式"居中对齐","垂直"对齐方式"顶端",如下左图所示。

Step 04 将光标移到第2行单元格中,执行"插入>表格"命令,插入一个3行2列的表格,设置表格宽度为"500"。选择第1列所有单元格,在"属性"面板中设置高度为"20",宽度为"400",然后选择第1行所有单元格,设置"水平"对齐方式为"居中对齐"。选择第3行单元格,执行"修改>表格>合并单元格"命令,并设置合并后的单元格"水平"对齐方式为"居中对齐"。然后在第1行第1列单元格中输入"新闻标题",在第1行第2列单元格中输入"日期",如下右图所示。

Step 05 在"属性"面板中单击"页面属性"按钮,打开"页面属性"对话框,设置本页面字体"大小"为"12"。切换到"链接(CSS)"选项,设置超链接颜色以及下划线样式,单击"确定"按钮,如下图所示。

Step 06 执行"文件>保存"命令，将文件保存为"news.asp"。将光标移到第2行第1列单元格中，执行"窗口>数据库"命令，打开"数据库"面板，切换到"绑定"面板，单击 + 按钮，在下拉菜单中选择"记录集（查询）"，弹出"记录集"对话框，设置记录集"名称"为"rstnews""连接"选择"conn""表格"选择"news"，选择"全部"选项，单击"确定"按钮，如右图所示。

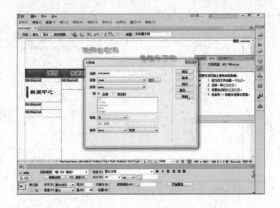

Step 07 展开记录集rstnews，选中"title"字段，单击下方的"插入"按钮，将"title"字段绑定到第2行第1列单元格。同样的方法，将"date"字段绑定到第2行第2列单元格中，如下左图所示。

Step 08 选中第2行单元格，即选中下方最右边的<tr>标签，在"服务器行为"面板中，单击 + 按钮，在下拉菜单中选择"重复区域"，弹出"重复区域"对话框，设置"记录集"为"rstnews"，显示"10"条记录，单击"确定"按钮，如下右图所示。

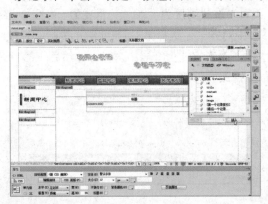 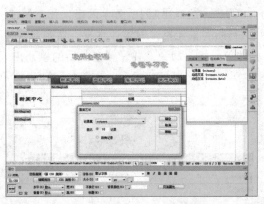

Step 09 选中第2行第1列单元格中的"{rstnews.title}"，在"服务器行为"面板中单击 + 按钮，在下拉菜单中选择"转到详细页面"，弹出"转到详细页面"对话框，设置"详细信息页"为"newsdetail.asp""传递URL参数"设为"id""传递现有参数"选中"URL参数"，单击"确定"按钮，如下左图所示。

Step 10 将光标移到第3行合并单元格中，输入"暂无新闻"，选中该文字，在"服务器行为"面板中单击 + 按钮，在下拉菜单中选择"显示区域>如果记录集为空则显示区域"，在弹出的"显示区域"对话框中选择"rstnews"记录集，如下右图所示。

Step 11 将光标移到表格右边换到下一行，执行"窗口>插入"命令，打开"插入"面板，切换到"数据"选项，选择"记录集分页>记录集导航条"，如下左图所示。弹出"记录集导航条"对话框，"记录集"选择"rstnews"，"显示"方式设为"文本"，为页面添加翻页导航超链接，如下右图所示。最后执行"文件>保存"命令，保存"news.asp"文件。

03 新闻详细信息页

新闻详细信息页面（newsdetail.asp）用于展示新闻的所有细节内容，用户在浏览新闻信息页面，单击对应新闻的标题超链接才会打开此页面。制作新闻详细信息页需要使用content.dwt模板，具体操作步骤如下。

Step 01 执行"文件>新建"命令，打开"新建文档"对话框，单击"模板中的页"选项，"站点"选择"企业网站2"，模板选择"content"，然后单击下面的"创建"按钮，如下左图所示。

Step 02 将光标移到EditRegion2区域中，将"EditRegion2"文字删除。执行"插入>图片"命令，插入menu1.jpg图片。删除EditRegion3和EditRegion4区域内的文字，如下右图所示。

Step 03 将光标移到EditRegion5区域中，将"EditRegion5"文字删除。执行"插入>表格"命令，插入一个2行1列的表格，设置表格宽度为"100%"，设置第1行单元格高度为"30"，第2行单元格高度为"400"。设置第2行单元格"水平"对齐方式为"居中对齐"，"垂直"对齐方式为"顶端"，如右图所示。

Step 04 将光标移到第2行单元格中，执行"插入>表格"命令，插入一个5行1列的表格，设置表格宽度为"500"，选中所有单元格，在"属性"面板中，设置"水平"对齐方式为"居中对齐"，"垂直"对齐方式为"居中"，高度为"20"。选中第2行单元格，设置"水平"对齐方式为"右对齐"。选中第4行单元格，设置"水平"对齐方式为"左对齐"，如下左图所示。

Step 05 执行"文件>保存"命令，将文件保存为"newsdetail.asp"。将光标移到第1行单元格中，执行"窗口>数据库"命令，打开"数据库"面板，切换到"绑定"面板，单击 按钮，在下拉菜单中选择"记录集（查询）"，弹出"记录集"对话框，设置记录集"名称"为"rstnews""连接"选择"conn""表格"选择"news""筛选"选择"id""=""URL参数"和"id"，单击"确定"按钮，如下右图所示。

 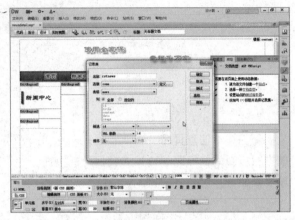

Step 06 展开记录集rstnews，选中"title"字段，单击下方的"插入"按钮，将"title"字段绑定到第1行单元格。同样的方法，将"date"字段绑定到第2行单元格中，将"content"字段绑定到第4行第单元格中，如下左图所示。

Step 07 执行"插入>图像"命令，在第3行单元格内插入一个图像，选中该图像，在"绑定"面板中选择"image"字段，在下方选择绑定到"img.src"，单击"绑定"按钮，如下右图所示。

 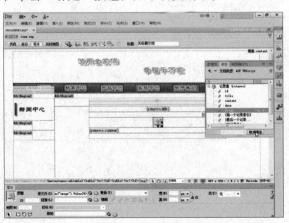

Step 08 在第5行单元格中输入"返回"，并选择该文字，执行"插入>超级链接"命令，打开"超级链接"对话框，设置"链接"内容为"news.asp""目标"选择"_self"，单击"确定"按钮，如下左图所示。

Step 09 执行"文件>保存"命令，保存"newsdetail.asp"文件，如下右图所示。

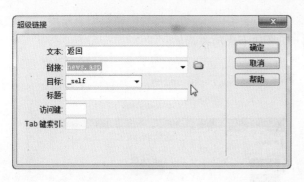

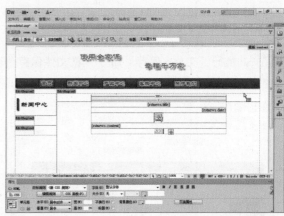

04　产品信息页

　　产品信息页面（products.asp）主要展示企业网站的所有产品，用户可以按类别浏览所有产品信息。制作产品信息页面需要使用content.dwt模板，具体操作步骤如下。

Step 01 执行"文件>新建"命令，打开"新建文档"对话框，单击"模板中的页"选项，"站点"选择"企业网站2"，模板选择"content"，然后单击下面的"创建"按钮，如下左图所示。

Step 02 将光标移到EditRegion2区域中，将"EditRegion2"文字删除。执行"插入>图片"命令，插入menu2.jpg图片。同样的方法，分别为EditRegion3区域和EditRegion4区域插入menu2_1.jpg图片和menu2_2.jpg图片，如下右图所示。

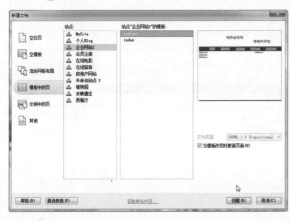

Step 03 将光标移到EditRegion5区域中，将"EditRegion5"文字删除。执行"插入>表格"命令，插入一个2行1列的表格，设置表格宽度为"100%"，设置第1行单元格高度为"30"，第2行单元格高度为"400"，设置第2行单元格"水平"对齐方式为"居中对齐"，"垂直"对齐方式为"顶端"，如右图所示。

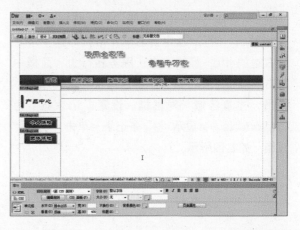

Step 04 将光标移到第2行单元格内，执行"插入>表格"命令，插入一个2行1列的表格，设置表格宽度为"130"，间距为"10"，选中第1行单元格，设置单元格高度为"150"，如下左图所示。

Step 05 执行"文件>保存"命令，将文件保存为"products.asp"。将光标移到新建的表格第1行单元格中，执行"插入>图像"命令，插入pic1.jpg图片，如下右图所示。

Step 06 执行"窗口>数据库"命令，切换到"绑定"面板中，单击➕按钮，在下拉菜单中选择"记录集（查询）"，弹出"记录集"对话框，设置记录集"名称"为"rstproducts""连接"选择"conn""表格"选择"products"，选中"全部"选项，"筛选"选择"class""=""URL参数"和"class"，单击"确定"按钮，如下左图所示。

Step 07 展开记录集rstproducts，选中插入的pic1.jpg图片，在"绑定"面板中选择"image"字段，在下方选择绑定到"img.src"，单击"绑定"按钮，如下右图所示。

Step 08 选择"name"字段，将其绑定到pic1.jpg图片下一行。选中当前单元格，即选中下方最右边的<td>标签，在"服务器行为"面板中单击➕按钮，在下拉菜单中选择"重复区域"，弹出"重复区域"对话框，设置"记录集"为"rstproducts"，显示"9"条记录，单击"确定"按钮，如右图所示。

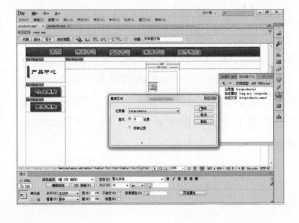

Step 09 选中"服务器行为"面板中刚插入的"重复区域"，切换到代码视图中，在</td>标签之后添加如下代码，如下图所示。

<% If(Repeat1__index MOD 3 = 0) Then Response.Write("</tr></tr>") %>

专家技巧　创建重复区域小技巧

　　如果对<tr>标签创建重复区域，则Dreamweaver CS6会按照垂直方向创建重复区域。如果选择的是<td>标签，则Dreamweaver CS6会按照水平方向创建重复区域。如果想要水平方向换行，则需要判断Repeat1__index变量能否被3整除，如果可以，则在网页上显示</tr></tr>标签，通过这种模式达到换行的目的。

Step 10 选中"{rstproducts.name}"，在"服务器行为"面板中单击➕按钮，在下拉菜单中选择"转到详细页面"，弹出"转到详细页面"对话框，设置"详细信息页"为"productsdetail.asp""传递URL参数"为"id""传递现有参数"勾选"URL参数"，单击"确定"按钮，如下左图所示。

Step 11 在第2行单元格中，输入"暂无产品"文字，选中该文字，在"服务器行为"面板中，单击➕按钮，在下拉菜单中选择"显示区域>如果记录集为空则显示区域"，如下右图所示，在弹出的"显示区域"对话框中选择"rstproducts"记录集。

Step 12 将光标移到表格右边换到下一行，执行"窗口>插入"命令，打开"插入"面板，切换到"数据"面板，选择"记录集分页>记录集导航条"，弹出"记录集导航条"对话框，"记录集"选择"rstproducts"，显示方式选择"文本"，为页面添加翻页导航超链接，效果如右图所示。

Step 13 为左边EditRegion3区域和EditRegion4区域中的图片menu2_1.jpg和menu2_2.jpg添加热点，设置热点超链接分别为"products.asp?class=1"和"products.asp?class=2"。执行"文件>保存"命令，保存"products.asp"文件，如右图所示。

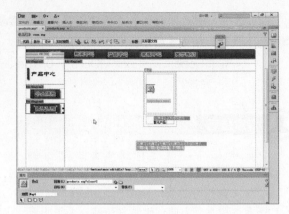

05 产品详细信息页

产品详细信息页面（productsdetail.asp）用于展示产品的所有细节内容，用户在浏览产品信息页面时单击对应产品名称超链接才会打开此页面。制作产品详细信息页面需要使用content.dwt模板，具体操作步骤如下。

Step 01 执行"文件>新建"命令，打开"新建文档"对话框，单击"模板中的页"选项，"站点"选择"企业网站2"，模板选择"content"，然后单击下面的"创建"按钮，如右图所示。

Step 02 将光标移到EditRegion2区域中，将"EditRegion2"文字删除。执行"插入>图片"命令，插入menu2.jpg图片。同样的方法，分别为EditRegion3区域和EditRegion4区域插入menu2_1.jpg图片和menu2_2.jpg图片，如下左图所示。

Step 03 将光标移到EditRegion5区域中，将"EditRegion5"文字删除。执行"插入>表格"命令，插入一个2行1列的表格，设置表格宽度为"100%"，设置第1行单元格高度为"30"，第2行单元格高度为"400"。设置第2行单元格"水平"对齐方式为"居中对齐"，"垂直"对齐方式为"顶端"，如下右图所示。

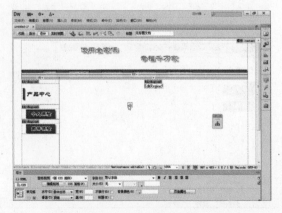

Step 04 将光标移到第2行单元格内，执行"插入>表格"命令，插入一个4行1列的表格，设置表格宽度为"500"，间距为"10"。选中第1行单元格，设置单元格高度为"30"，"水平"对齐方式为"居中对齐"。同样的方法，设置第2、3、4行单元格高度分别为"100""25""25"，"水平"对齐方式分别设为"居中对齐""左对齐""居中对齐"，"垂直"对齐方式为"默认"，如下左图所示。

Step 05 执行"文件>保存"命令，将文件保存为"productsdetail.asp"。将光标移到第1行单元格中，执行"窗口>数据库"命令，打开"数据库"面板，切换到"绑定"面板，单击➕按钮，在下拉菜单中选择"记录集（查询）"，弹出"记录集"对话框，设置"记录集"名称为"rstproducts""连接"选择"conn""表格"选择"products""筛选"选择"id""=""URL参数"和"id"，单击"确定"按钮，如下右图所示。

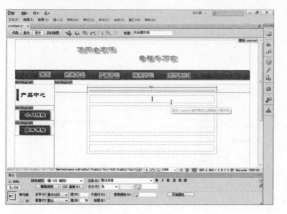 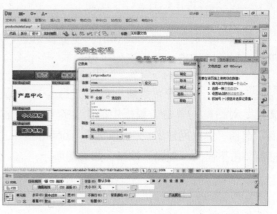

Step 06 展开记录集rstproducts，选中"name"字段，单击下方的"插入"按钮，将"name"字段绑定到第1行单元格。同样的方法，将"introduction"字段绑定到第3行单元格中，如下左图所示。

Step 07 执行"插入>图像"命令，在第2行单元格中插入pic1.jpg图片，选中该图片，在"绑定"面板中选择"image"字段，在下方选择绑定到"img.src"，单击"绑定"按钮，如下右图所示。

Step 08 在第4行单元格中输入"返回"并选择文字，执行"插入>超级链接"命令，打开"超级链接"对话框，设置"链接"内容为"products.asp?class=1""目标"选择"_self"，单击"确定"按钮，如右图所示。

Step 09 为左边EditRegion3区域和EditRegion4区域中的图片menu2_1.jpg和menu2_2.jpg添加热点，设置热点超链接分别为"products.asp?class=1"和"products.asp?class=2"。执行"文件>保存"命令，保存"productsdetail.asp"文件，如右图所示。

06 客服中心页

客服中心页面（service.html）主要提供客户对企业产品的咨询及投诉。制作客服中心页面需要使用content.dwt模板，具体操作步骤如下。

Step 01 执行"文件>新建"命令，打开"新建文档"对话框，单击"模板中的页"选项，"站点"选择"企业网站2"，模板选择"content"，然后单击下面的"创建"按钮，如右图所示。

Step 02 将光标移到EditRegion2区域中，将"EditRegion2"文字删除。执行"插入>图片"命令，插入menu3.jpg图片。删除EditRegion3和EditRegion4区域内的文字，如下左图所示。

Step 03 将光标移到EditRegion5区域中，将"EditRegion5"文字删除。执行"插入>表格"命令，插入一个2行1列的表格，设置表格宽度为"100%"，设置第1行单元格高度为"30"，第2行单元格高度为"400"。设置第2行单元格"水平"对齐方式为"左对齐"，"垂直"对齐方式为"顶端"。输入相关文字，如下右图所示。

Step 04 选中单元格中第1行文字，在"属性"面板中，"目标规则"选择"新CSS规则"，单击"编辑规则"按钮，打开"新建CSS规则"面板，定义"选择器名称"为".style_head""规则定义"选择"style.css"，单击"确定"按钮。打开".style_head的CSS规则定义"对话框，设置字体大小为"24"，字体粗细为"bold"，行高为"30"，单击"确定"按钮，如下左图所示。

Step 05 重复步骤04，选中第2、3、4行文字，新建CSS规则，设置"选择器名称"为".style_text"，字体大小为"14"，行高为"20"，首行缩进为"2ems"。最后执行"文件>保存"命令，将文件保存为"service.html"，如下右图所示。

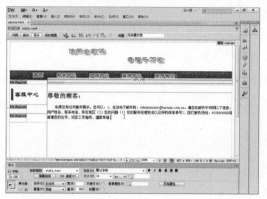

07 关于我们页

关于我们（about us.html）主要是企业相关信息介绍。制作关于我们页面需要使用content.dwt模板，具体操作步骤如下。

Step 01 执行"文件>新建"命令，打开"新建文档"对话框，单击"模板中的页"选项，"站点"选择"企业网站2"，模板选择"content"，然后单击下面的"创建"按钮，如右图所示。

Step 02 将光标移到EditRegion2区域中，将"EditRegion2"文字删除。执行"插入>图片"命令，插入menu4.jpg图片。删除"EditRegion3和EditRegion4区域内的文字，如下左图所示。

Step 03 将光标移到EditRegion5区域中，将"EditRegion5"文字删除。执行"插入>表格"命令，插入一个2行1列的表格，设置表格宽度为"100%"，设置第1行单元格高度为"30"，第2行单元格高度为"400"。设置第2行单元格"水平"对齐方式为"左对齐"，"垂直"对齐方式为"顶端"，输入文字，如下右图所示。

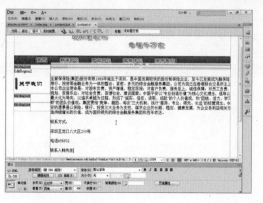

Step 04 执行 "窗口＞CSS样式" 命令，打开 "CSS样式" 面板，单击■按钮，弹出 "链接外部样式表" 对话框，在 "文件/URL" 指定要链接的CSS文件路径， "添加为" 选择 "链接"，单击 "确定" 按钮。将 "style.css" 文件链接到本网页，如右图所示。

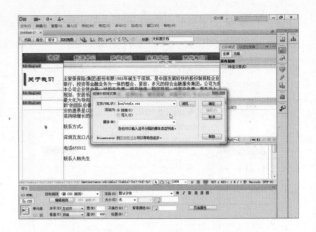

Step 05 选中文字，在 "属性" 面板中， "目标规则" 选择 ".style_text"，将选中文字应用该样式，如下左图所示。

Step 06 执行 "文件＞保存" 命令，将文件保存为 "about us.html"，如下右图所示。

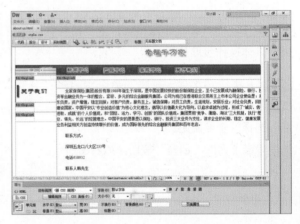

制作后台页面

Section 05

后台页面主要是管理员对网站信息的增、删、改操作，需要通过登录窗口才能访问到后台页面。后台主要包括登录页（login.asp）、新闻管理（newsmanage.asp）、新闻增加（newsinsert.asp）、新闻修改（newsupdate.asp）和新闻删除（newsdelete.asp）、产品管理（productsmanage.asp）、产品增加（productsinsert.asp）、产品修改（productsupdate.asp）和产品删除（productsdelete.asp）。

01 登录页

登录页（login.asp）是网站后台管理的入口，一般是管理员用户才能通过登录页验证。制作登录页需要使用index.dwt模板，具体操作步骤如下。

Step 01 执行"文件>新建"命令，打开"新建文档"对话框，单击"模板中的页"选项，"站点"选择"企业网站2"，模板选择"index"，然后单击下面的"创建"按钮，如下左图所示。

Step 02 将光标移到EditRegion1区域中，将"EditRegion1"文字删除。执行"插入>表单>表单"命令，插入表单元素。将光标移到表单元素内，执行"插入>表格"命令，插入一个4行2列的表格，表格宽度设为"300"，填充设为"10"。设置第1和第4行单元格"水平"对齐方式为"居中对齐"，选中所有单元格并设置高度为"30"，选中第1列单元格设置宽度为"150"，如下右图所示。

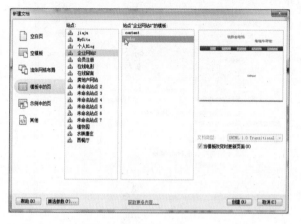
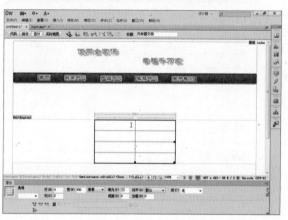

Step 03 选中第1行单元格，执行"修改>表格>合并单元格"命令，输入文字"管理员登录"。同样的方法，合并第4行单元格。输入第1列文字，如下左图所示。

Step 04 选中第2行第2列单元格，执行"窗口>插入"命令，打开"插入"面板，切换到"表单"面板，单击"文本字段"，命名为"txt_user"。同样的方法，在第3行第3列插入文本字段，类型设置为"密码"，命名为"txt_pwd"。在第4行合并单元格中插入提交按钮和重置按钮，并分别命名为"btn_submit"和"btn_reset"，如下右图所示。

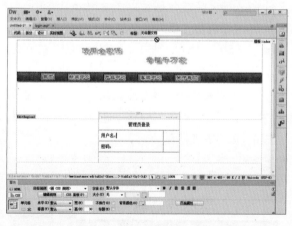

Step 05 执行"文件>保存"命令，将文件保存为"login.asp"。执行"窗口>数据库"命令，在"绑定"面板中，单击➕按钮，在下拉菜单中选择"记录集（查询）"，打开"记录集"对话框，"名称"设为"rstuser"，"连接"选择"conn"，"表格"选择"user"，选中"全部"选项，单击"确定"按钮，如下左图所示。

Step 06 切换到"服务器行为"面板，单击 ➕ 按钮，在下拉菜单中选择"用户身份验证>登录用户"，打开"登录用户"对话框，"从表单获取输入"选择"form1""用户名字段"选择"txt_user""密码字段"选择"txt_pwd""使用连接验证"选择"conn""表格"选择"user""用户名列"选择"name""密码列"选择"password""如果登录成功，转到"设置为"newsmanage.asp""如果登录失败，转到"设置为"login.asp"。至此，登录页面制作完毕，如下右图所示。

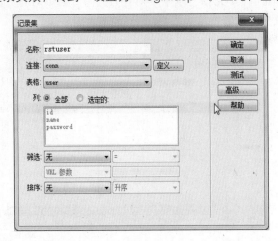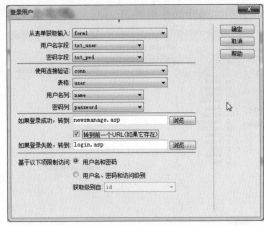

02 新闻管理页

新闻管理页面（newsmanage.asp）是实现新闻增、删、改管理的入口页面，访问该页面需要授权，只有登录成功的管理员才能打开此页面。制作新闻管理页面需要使用content.dwt模板，具体操作步骤如下。

Step 01 执行"文件>新建"命令，创建基于"content.dwt"模板的内容页，并保存为"newsmanage.asp"。在EditRegion2、EditRegion3、EditRegion4区域分别插入图片manage.jpg、newsmanage.jpg、productsmanage.jpg。删除EditRegion5区域内容，插入一个2行5列的表格，设置表格宽度为"550"，分别设置各列宽度为"300""100""50""50""50"，输入文字，如下左图所示。

Step 02 执行"插入>数据库"命令，切换到"绑定"面板，单击 ➕ 按钮，在下拉菜单中选择"记录集（查询）"，打开"记录集"对话框，在"名称"文本框中输入"rstnews""连接"选择"conn""表格"选择"news"，选中"全部"选项，单击"确定"按钮，如下右图所示。

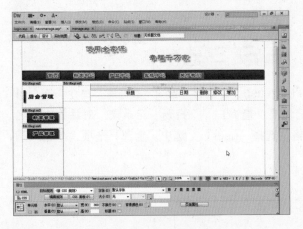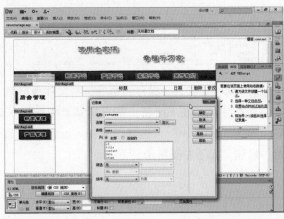

Step 03 展开记录集rstnews，将"title"字段和"date"字段分别绑定到表格对应位置。在第2行第3列单元格中输入"删除"，选中该文字，打开"服务器行为"面板，单击➕按钮，在下拉菜单中选择"转到详细页面"，弹出"转到详细页面"对话框，在"详细信息页"文本框中输入"newsdelete.asp""传递URL参数"文本框中输入 id""记录集"选择"rstnews""列"选择"id"，单击"确定"按钮，如下左图所示。同样的方法在第2行第4列单元格中输入"修改"，为"修改"创建"转到详细页面"服务器行为，设置转到的详细信息页为"newsupdate.asp"。在第2行第5列输入"增加"，为"增加"创建普通超链接，链接文档为"newsinsert.asp"。

Step 04 选中第2行单元格，打开"服务器行为"面板，单击➕按钮，在下拉菜单中选择"重复区域"，打开"重复区域"对话框，"记录集"选择"rstnews"，显示"10"条记录，单击"确定"按钮，如下右图所示。

Step 05 将光标移到表格右边，执行"窗口>插入"命令，打开"插入"面板，切换到"数据"面板中，选择"记录集分页>记录集导航条"，如下左图所示。

Step 06 打开"服务器行为"面板，单击➕按钮，在下拉菜单中选择"用户身份验证>限制对页的访问"，打开"限制对页的访问"对话框，"基于以下内容进行限制"选择"用户名和密码""如果访问被拒，则转到"文本框中输入"login.asp"，如下右图所示。

Step 07 为左边EditRegion3区域和EditRegion4区域中的图片newsmanage.jpg和productsmanage.jpg添加热点，设置热点超链接分别为"newsmanage.asp"和"productsmanage.asp"。执行"文件>保存"命令，保存"newsmanage.asp"文件，如右图所示。

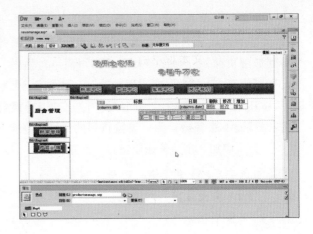

03 新闻增加页

　　新闻增加页面（newinsert.asp）能够增加新闻信息，管理员在新闻管理页面单击"增加"超链接就可以链接到该页面。制作新闻增加页面需要使用content.dwt模板，具体操作步骤如下。

Step 01 执行"文件>新建"命令，创建基于"content.dwt"模板的内容页。在EditRegion2、EditRegion3、EditRegion4区域分别插入图片manage.jpg、newsmanage.jpg、productsmanage.jpg。删除EditRegion5区域内容，执行"插入>表单>表单"命令，在EditRegion5区域中插入一个表单，在该表单中插入一个5行2列的表格，设置表格宽度为"400"，第1列单元格宽度设为"200"，并在各单元格中输入文字，如下左图所示。

Step 02 将光标移到表格第1行第2列单元格中，执行"窗口>插入"命令，切换到"表单"面板中，单击"文本字段"，设置ID为"txt_title"。同样的方法，在第2行第2列单元格中插入"文本字段"，设置ID为"txt_date"，在第3行第2列单元格中插入"文本区域"，设置ID为"txt_content"，在第4行第2列单元格中插入"文件域"，设置ID为"txt_file"，如下右图所示。

Step 03 选择第5行单元格，执行"修改>表格>合并单元格"命令，在"表单"面板中，单击"按钮"，插入提交按钮和重置按钮，设置ID为"btn_submit"和"btn_reset"，如下左图所示。

Step 04 执行"文件>保存"命令，将文件保存为"newsinsert.asp"。执行"插入>数据库"命令，切换到"绑定"面板，单击➕按钮，在下拉菜单中选择"记录集（查询）"，打开"记录集"对话框，在"名称"文本框中输入"rstnews""连接"选择"conn""表格"选择"news"选中"全部"选项，单击"确定"按钮，如下右图所示。

Step 05 在"服务器行为"面板中，单击➕按钮，在下拉菜单中选择"插入记录"，打开"插入记录"对话框，"连接"选择"conn""插入到表格"选择"news"，在"插入后，转到"文本框中输入"newsmanage.asp""获取值自"选择"form1""表单元素"选择"txt_title""列"选择"title""提交为"设为"文本"。同样的方法选择其他表单元素，单击"确定"按钮，如下左图所示。

Step 06 为左边EditRegion3区域和EditRegion4区域中的图片newsmanage.jpg和productsmanage.jpg添加热点，设置热点超链接分别为"newsmanage.asp"和"productsmanage.asp"。执行"文件>保存"命令，保存"newsinsert.asp"文件，如下右图所示。

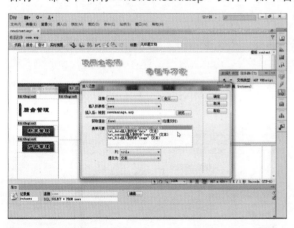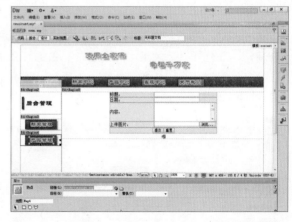

04 新闻修改页

　　新闻修改页面（newsupdate.asp）是实现新闻修改功能的页面，管理员在新闻管理页面单击"修改"超链接就可以链接到该页面。制作新闻修改页面需要使用content.dwt模板，具体操作步骤如下。

Step 01 执行"文件>新建"命令，创建基于"content.dwt"模板的内容页，并保存为"newsupdate.asp"。在EditRegion2、EditRegion3、EditRegion4区域分别插入图片manage.jpg、newsmanage.jpg、productsmanage.jpg。删除EditRegion5区域内容，执行"插入>表单>表单"命令，在EditRegion5区域中插入一个表单，在该表单中插入一个5行2列的表格，设置表格宽度为"400"，第1列单元格宽度设为"200"，在各单元格中输入文字，如下左图所示。

Step 02 将光标移到表格第1行第2列单元格中，执行"窗口>插入"命令，切换到"表单"面板中，单击"文本字段"，设置ID为"txt_title"。同样的方法，在第2行第2列单元格中插入"文本字段"，设置ID为"txt_date"，在第3行第2列单元格中插入"文本区域"，设置ID为"txt_content"，在第4行第2列单元格中插入"文本字段"，设置ID为"txt_image"，如下右图所示。

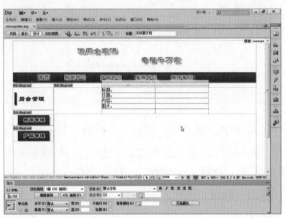

Step 03 选择第5行单元格，执行"修改>表格>合并单元格"命令，在"表单"面板中，单击"按钮"，插入提交按钮和重置按钮，设置ID为"btn_submit"和"btn_reset"，设置提交按钮值为"修改新闻"，如下左图所示。

Step 04 执行"插入>数据库"命令，切换到"绑定"面板，单击 ➕ 按钮，在下拉菜单中选择"记录集（查询）"，打开"记录集"对话框，"名称"文本框中输入"rstnews""连接"选择"conn""表格"选择"news"，选中"全部"选项，"筛选"选择"id""=""URL参数""id"，单击"确定"按钮，如下右图所示。

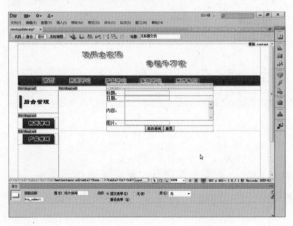

Step 05 展开记录集rstnews，选择"title"字段并将其绑定到"txt_title"。同样的方法将"date"字段绑定到"txt_date"，将"content"字段绑定到"txt_content"，将"image"字段绑定到"txt_image"，如右图所示。

Step 06 打开"服务器行为"面板，单击 ➕ 按钮，在下拉菜单中选择"更新记录"，打开"更新记录"对话框，"连接"选择"conn""要更新的表格"选择"news""选取记录自"选择"rstnews""唯一键列"选择"id""在更新后，转到"文本框中输入"newsmanage.asp""获取值自"选择"form1""表单元素"选择"txt_title""列"选择"title""提交为"选择"文本"。同样的方法选择其他表单元素，单击"确定"按钮，如下右图所示。

Step 07 为左边EditRegion3区域和EditRegion4区域中的图片newsmanage.jpg和productsmanage.jpg添加热点，设置热点超链接分别为"newsmanage.asp"和"productsmanage.asp"。执行"文件>保存"命令，保存"newsupdate.asp"文件，如下右图所示。

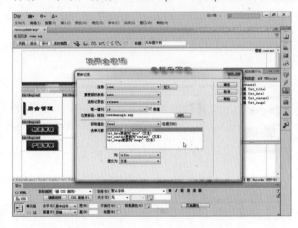
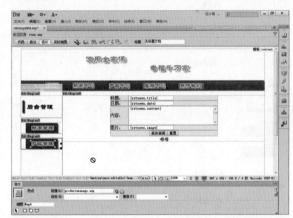

05 新闻删除页

新闻删除页面（newsdelete.asp）是实现新闻删除功能的页面，管理员在新闻管理页面单击"删除"超链接就可以链接到该页面。制作新闻删除页面需要使用content.dwt模板，具体操作步骤如下。

Step 01 执行"文件>新建"命令，创建基于"content.dwt"模板的内容页，并保存为"newsdelete.asp"。在EditRegion2、EditRegion3、EditRegion4区域分别插入图片manage.jpg、newsmanage.jpg、productsmanage.jpg。删除EditRegion5区域内容，执行"插入>表单>表单"命令，在EditRegion5区域插入一个表单，在该表单中插入一个5行2列的表格，设置表格宽度为"400"，第1列单元格宽度设为"200"，在各单元格中输入文字，如下左图所示。

Step 02 执行"插入>数据库"命令，切换到"绑定"面板，单击 ➕ 按钮，在下拉菜单中选择"记录集（查询）"，打开"记录集"对话框，在"名称"文本框中输入"rstnews""连接"选择"conn""表格"选择"news"，选中"全部"选项"筛选"选择"id""＝""URL参数""id"，单击"确定"按钮，如下右图所示。

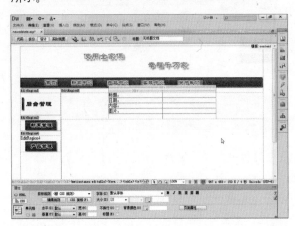

Step 03 展开记录集rstnews，选择"title"字段并将其绑定到第1行第2列单元格内。同样的方法将"date""content""image"字段绑定到相应位置，如下左图所示。

Step 04 选择第5行单元格，执行"修改>表格>合并单元格"命令，在"表单"面板中，单击"按钮"，插入提交按钮，设置ID为"btn_submit"，设置提交按钮值为"删除新闻"，如下右图所示。

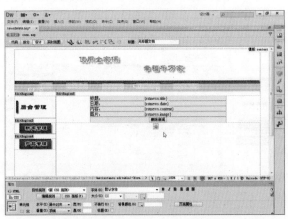

Step 05 打开"服务器行为"面板，单击 ➕ 按钮，在下拉菜单中选择"删除记录"，打开"删除记录"对话框，"连接"选择"conn""从表格中删除"选择"news""选取记录自"选择"rstnews""唯一一键列"选择"id""提交此表单以删除"选择"form1""删除后，转到"文本框中输入"newsmanage.asp"，单击"确定"按钮，如右图所示。

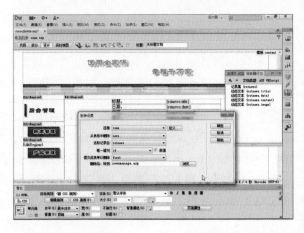

Step 06 为左边EditRegion3区域和EditRegion4区域中的图片newsmanage.jpg和productsmanage.jpg添加热点，设置热点超链接分别为"newsmanage.asp"和"productsmanage.asp"。执行"文件>保存"命令，保存"newsdelete.asp"文件，如右图所示。

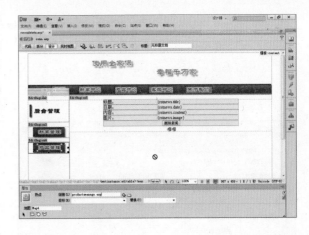

06 产品管理页

产品管理页面（productsmanage.asp）是实现产品增、删、改管理的入口页面，访问该页面需要授权，只有登录成功的管理员才能打开此页面。制作产品管理页面需要使用content.dwt模板，具体操作步骤如下。

Step 01 执行"文件>新建"命令，创建基于"content.dwt"模板的内容页，并保存为"productsmanage.asp"。在EditRegion2、EditRegion3、EditRegion4区域分别插入图片manage.jpg、newsmanage.jpg、productsmanage.jpg。删除EditRegion5区域中的内容，插入一个2行4列的表格，设置表格宽度为"500"，分别设置各列宽度为"300""100""50""50"，输入文字，如下左图所示。

Step 02 执行"插入>数据库"命令，切换到"绑定"面板，单击＋按钮，在下拉菜单中选择"记录集（查询）"，打开"记录集"对话框，在"名称"文本框中输入"rstproducts""连接"选择"conn""表格"选择"product"，选择"全部"选项，单击"确定"按钮，如下右图所示。

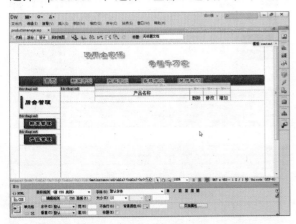
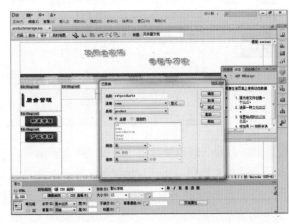

Step 03 展开记录集rstproducts，将"name"字段绑定到表格第2行第1列单元格内。选中"删除"，打开"服务器行为"面板，单击＋按钮，在下拉菜单中选择"转到详细页面"，弹出"转到详细页面"对话框，在"详细信息页"文本框中输入"productsdelete.asp""传递URL参数"文本框中输入"id""记录集"选择"rstproducts""列"选择"id"，单击"确定"按钮。同样的方法为"修改"创建"转到详细页面"服务器行为，设置转到的详细信息页为"productsupdate.asp"，如下左图所示。

Step 04 选中"增加"文字，执行"插入>超级链接"命令，为"增加"创建超链接，链接文档为"productsinsert.asp"，如下右图所示。

Step 05 选中第2行单元格，打开"服务器行为"面板，单击➕按钮，在下拉菜单中选择"重复区域"，打开"重复区域"对话框，"记录集"选择"rstproducts"，显示"10"条记录，单击"确定"按钮，如下左图所示。

Step 06 将光标移到表格右边，执行"窗口>插入"命令，打开"插入"面板，切换到"数据"面板中，选择"记录集分页>记录集导航条"，打开"记录集导航条"对话框，显示方式设为"文本"，单击"确定"按钮，如下右图所示。

Step 07 打开"服务器行为"面板，单击➕按钮，在下拉菜单中选择"用户身份验证>限制对页的访问"，打开"限制对页的访问"对话框，"基于以下内容进行限制"选择"用户名和密码"，在"如果访问被拒，则转到"文本框中输入"login.asp"，如右图所示。

Step 08 为左边EditRegion3区域和EditRegion4区域中的图片newsmanage.jpg和productsmanage.jpg添加热点，设置热点超链接分别为"newsmanage.asp"和"productsmanage.asp"。执行"文件>保存"命令，保存"productsmanage.asp"文件，如右图所示。

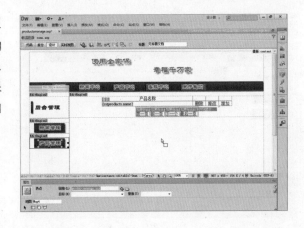

07 产品增加页

产品增加页面（productsinsert.asp）是实现产品信息增加的页面，管理员在产品管理页面单击"增加"超链接就可以链接到该页面。制作产品增加页面需要使用content.dwt模板，具体操作步骤如下。

Step 01 执行"文件>新建"命令，创建基于"content.dwt"模板的内容页，并保存为"productsinsert.asp"。在EditRegion2、EditRegion3、EditRegion4区域分别插入图片manage.jpg、newsmanage.jpg、productsmanage.jpg。删除EditRegion5区域内容，执行"插入>表单>表单"命令，在EditRegion5区域中插入一个表单，在该表单中插入一个5行2列的表格，设置表格宽度为"500"，第1列单元格宽度设为"300"，在各单元格中输入文字，如下左图所示。

Step 02 将光标移到表格第1行第2列单元格中，执行"窗口>插入"命令，切换到"表单"面板中，单击"文本字段"，设置ID为"txt_name"。同样的方法，在第2行第2列单元格中插入"文件域"，设置ID为"txt_file"；在第3行第2列单元格中插入"文本字段"，设置ID为"txt_class"；在第4行第2列单元格中插入"文本区域"，设置ID为"txt_introduction"，如下右图所示。

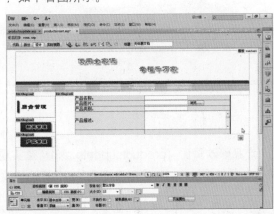

Step 03 选择第5行单元格，执行"修改>表格>合并单元格"命令，在"表单"面板中，单击"按钮"，插入提交按钮和重置按钮，设置ID为"btn_submit"和"btn_reset"，如下左图所示。

Step 04 执行"插入>数据库"命令，切换到"绑定"面板，单击■按钮，在下拉菜单中选择"记录集（查询）"，打开"记录集"对话框，在"名称"文本框中输入"rstproducts""连接"选择"conn""表格"选择"product"，选择"全部"选项，单击"确定"按钮，如下右图所示。

Step 05 在"服务器行为"面板中，单击 ➕ 按钮，在下拉菜单中选择"插入记录"，打开"插入记录"对话框，"连接"选择"conn""插入到表格"选择"product""插入后，转到"文本框中输入"productsmanage.asp""获取值自"选择"form1""表单元素"选择"txt_name""列"选择"name""提交为"选择"文本"。同样的方法选择其他表单元素，单击"确定"按钮，如下左图所示。

Step 06 为左边EditRegion3区域和EditRegion4区域中的图片newsmanage.jpg和productsmanage.jpg添加热点，设置热点超链接分别为"newsmanage.asp"和"productsmanage.asp"。执行"文件>保存"命令，保存"productsinsert.asp"文件，如下右图所示。

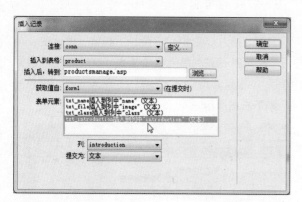
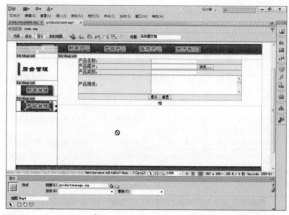

08 产品修改页

产品修改页面（productsupdate.asp）是实现产品修改功能的页面，管理员在产品管理页面单击"修改"超链接就可以链接到该页面。制作产品修改页面需要使用content.dwt模板，具体操作步骤如下。

Step 01 执行"文件>新建"命令，创建基于"content.dwt"模板的内容页，并保存为"productsupdate.asp"。在EditRegion2、EditRegion3、EditRegion4区域分别插入图片manage.jpg、newsmanage.jpg、productsmanage.jpg。删除EditRegion5区域内容，执行"插入>表单>表单"命令，在EditRegion5区域中插入一个表单，在该表单中插入一个5行2列的表格，设置表格宽度为"600"，第1列单元格宽度设为"300"，在各单元格中输入文字，如下左图所示。

Step 02 将光标移到表格第1行第2列单元格中，执行"窗口>插入"命令，切换到"表单"面板中，单击"文本字段"，设置ID为"txt_name"。同样的方法，在第2行第2列单元格中插入"文本字段"，设置ID为"txt_image"；在第3行第2列单元格中插入"选择（列表/菜单）"，设置ID为"select_class"；在第4行第2列单元格中插入"文本区域"，设置ID为"txt_introduction"，如下右图所示。

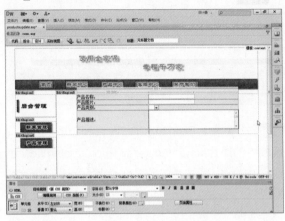

Step 03 选择第5行单元格，执行"修改>表格>合并单元格"命令，在"表单"面板中，单击"按钮"，插入提交按钮和重置按钮，设置ID为"btn_submit"和"btn_reset"，设置提交按钮值为"修改产品"，如下左图所示。

Step 04 执行"文件>保存"命令，将文件保存为"productsupdate.asp"。执行"插入>数据库"命令，切换到"绑定"面板，单击 ⊕ 按钮，在下拉菜单中选择"记录集（查询）"，打开"记录集"对话框，在"名称"文本框中输入"rstproducts""连接"选择"conn""表格"选择"product""列"选择"全部""筛选"选择"id"" = ""URL参数""id"，单击"确定"按钮，如下右图所示。

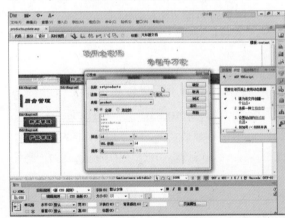

Step 05 展开记录集rstproducts，选择"name"字段并将其绑定到"txt_name"。同样的方法，将"image"字段绑定到"txt_image"，将"introduction"字段绑定到"txt_introduction"，将"class"字段绑定到"txt_class"，如下左图所示。

Step 06 打开"服务器行为"面板，单击 ⊕ 按钮，在下拉菜单中选择"更新记录"，打开"更新记录"对话框，"连接"选择"conn""要更新的表格"选择"product""选取记录自"选择"rstproducts""唯一键列"选择"id""在更新后，转到"文本框中输入"productsmanage.asp""获取值自"选择"form1""表单元素"选择"txt_name""列"选择"name""提交为"选择"文本"。同样的方法选择其他表单元素，单击"确定"按钮，如下右图所示。

Step 07 为左边EditRegion3区域和EditRegion4区域中的图片newsmanage.jpg和productsmanage.jpg添加热点，设置热点超链接分别为"newsmanage.asp"和"productsmanage.asp"。执行"文件>保存"命令，保存"productsupdate.asp"文件，如右图所示。

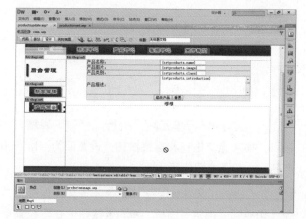

09 产品删除页

　　产品删除页面（productsdelete.asp）是实现产品删除功能的页面，管理员在产品管理页面单击"删除"超链接就可以链接到该页面。制作产品删除页面需要使用content.dwt模板，具体操作步骤如下。

Step 01 执行"文件>新建"命令，创建基于"content.dwt"模板的内容页，并保存为"productsdelete.asp"。在EditRegion2、EditRegion3、EditRegion4区域分别插入图片manage.jpg、newsmanage.jpg、productsmanage.jpg。删除EditRegion5区域内容，执行"插入>表单>表单"命令，在EditRegion5区域中插入一个表单，在该表单中插入一个5行2列的表格，设置表格宽度为"600"，第1列单元格宽度设为"300"，在各单元格中输入文字，如右图所示。

Step 02 执行"插入>数据库"命令，切换到"绑定"面板，单击 ➕ 按钮，在下拉菜单中选择"记录集（查询）"，打开"记录集"对话框，"名称"文本框中输入"rstproducts""连接"选择"conn""表格"选择"product""列"选择"全部""筛选"选择"id""＝""URL参数""id"，单击"确定"按钮，如下左图所示。

Step 03 展开记录集rstnews，选择"name"字段并将其绑定到第1行第2列单元格内。同样的方法将"image""introduction"字段绑定到相应位置，如下右图所示。

Step 04 选择第5行单元格，执行"修改>表格>合并单元格"命令，在"表单"面板中，单击"按钮"，插入提交按钮，设置ID为"btn_submit"，设置提交按钮值为"删除产品"，如下左图所示。

Step 05 打开"服务器行为"面板，单击➕按钮，在下拉菜单中选择"删除记录"，打开"删除记录"对话框，"连接"选择"conn""从表格中删除"选择"product""选取记录自"选择"rstproducts""唯一键列"选择"id""提交此表单以删除"选择"form1""删除后，转到"文本框中输入"productsmanage.asp"，单击"确定"按钮，如下右图所示。

Step 06 为左边EditRegion3区域和EditRegion4区域中的图片newsmanage.jpg和productsmanage.jpg添加热点，设置热点超链接分别为"newsmanage.asp"和"productsmanage.asp"。执行"文件>保存"命令，保存"productsdelete.asp"文件，如右图所示。

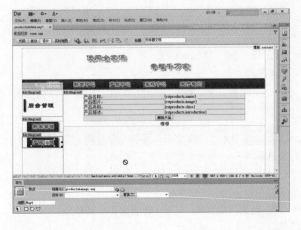

Appendix

附 录
课后习题参考答案

Chapter 01

1.选择题

（1）D　（2）C　（3）D　（4）A

2.填空题

（1）域名（网站地址）、网站空间；（2）网页；
（3）色相、饱和度；（4）网站定位、网站理念。

Chapter 02

1.选择题

（1）B　（2）A　（3）B　（4）D

2.填空题

（1）GIF；（2）替换图像；
（3）绝对路径、相对路径；（4）热点链接功能。

Chapter 03

1.选择题

（1）D　（2）C　（3）B　（4）

2.填空题

（1）传递参数、控制命令；（2）绝对路径、文档目录
相对路径；（3）站点根文件夹；（4）更新链接、测试
链接。

Chapter 04

1.选择题

（1）C　（2）D　（3）C

2.填空题

（1）框架集、单个框架；（2）区域；（3）容器、对象
的位置；（4）visible。

Chapter 05

1.选择题

（1）A　（2）D　（3）B

2.填空题

（1）框架可视元素；（2）使用嵌套框架集；

（3）Spry Data、Spry Widgets；（4）易于使用、
能够创新。

Chapter 06

1.选择题

（1）A　（2）B　（3）C　（4）B

2.填空题

（1）"全部"模式；（2）内部样式表、外部样式表；
（3）选择器类型、选择器名称；（4）标签。

Chapter 07

1.选择题

（1）D　（2）C　（3）A　（4）C

2.填空题

（1）HTML标签{属性1:属性值;属性2:属性值;……};
（2）body{text-align:center;};
（3）margin、Padding；
（4）内容（content）、填充（padding）、边框
（border）、边界(margin)。

Chapter 08

1.选择题

（1）C　（2）C　（3）A

2.填空题

（1）新模板；（2）可编辑区域、不可编辑区域、可编
辑区域；（3）从模板中分离出来；（4）库项目。

Chapter 09

1.选择题

（1）B　（2）A　（3）B

2.填空题

（1）属性、所有行为；（2）菜单按钮；（3）对象、
事件。

Chapter 10

1.选择题

（1）B　（2）D　（3）C

2.填空题

（1）数据传输；（2）密码域；（3）数据表；（4）收
集数据、存储数据。